Arena-Taschenbuch
Band 51085

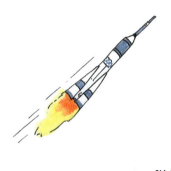

Jürgen Teichmann,
geboren 1941, hat mehr als 30 Jahre lang den Bereich Bildung im Deutschen Museum in München – insbesondere zum Thema Physik und Astronomie – betreut. Auch die große Ausstellung Astronomie/Astrophysik ist unter seiner Federführung entstanden.
Jetzt widmet er sich vor allem historischen und fachphysikalischen Sachbüchern; außerdem ist er Professor an der Ludwig-Maximilians-Universität in München.
Sein Sachbuch *Das unendliche Reich der Sterne* (Arena) stand auf der Auswahlliste des Deutschen Jugendliteraturpreises. *Mit Einstein im Fahrstuhl – Physik genial erklärt* (Arena) wurde von der Deutschen Akademie für Kinder- und Jugendliteratur im Dezember 2008 zum Buch des Monats gewählt.

Katja Wehner,
geboren 1976 in Dessau, studierte nach dem Abitur Illustration und Buchkunst in Halle, Leipzig und Prag. 2002 erwarb sie ihr Diplom und war im Anschluss Meisterschülerin an der Hochschule für Grafik und Buchkunst Leipzig. Seit 2004 ist sie selbstständige Illustratorin und arbeitet für verschiedene Verlage zu den unterschiedlichsten Themen.

Jürgen Teichmann

Die überaus fantastische Reise zum Urknall

Astronomie von Galilei bis zur
Entdeckung der Schwarzen Löcher

In Zusammenarbeit mit dem
Deutschen Museum

Fotos: Seiten 8, 23, 24, 25, 31, 32, 36, 40, 41, 43, 46, 47, 50, 62, 64, 73, 75, 82, 87, 97, 99, 111, 116, 139 © Deutsches Museum, München; Seiten 114, 117 © Agentur Focus, Hamburg; Seiten 97, 105 © picture-alliance/dpa, Frankfurt; Seiten 69, 125, 130 © www.astrofoto.de; Seite 148 © Schott AG, Mainz; Seiten 9, 30, 71, 104, 124, 133, 134, 147 © ESO, Garching bei München; Seiten 96, 103 © Robert Gendler, www.robgendlerastropics.com; Seiten 118, 119 © The Royal Astronomical Society, London; Seite 150 © Ute Kraus, Universität Hildesheim, www.tempolimit-lichtgeschwindigkeit.de; Seite 34 © NASA, ESA, and M. Showalter (SETI Institute); Seite 107 © NASA/JPL-Caltech; Seite 68 © Harvard College Observatory; Seite 72 © akg-images, Berlin; Seite 89 © A. Bolton (UH/IfA) for SLACS and NASA/ESA

1. Auflage im Arena-Taschenbuch 2017
© Arena Verlag GmbH, Würzburg, 2009
Alle Rechte vorbehalten
Cover und Illustration: Katja Wehner
Gestaltung und Satz: Punkt und Komma, Claudia Böhme, Würzburg
Umschlagtypografie: Juliane Hergt
Gesamtherstellung: Westermann Druck Zwickau GmbH
ISSN 0518-4002
ISBN 978-3-401-51085-9

Besuche uns unter:
www.arena-verlag.de
www.twitter.com/arenaverlag
www.facebook.com/arenaverlagfans

Inhalt

Über 400 Jahre Entdeckungsreise **6**

1. Der erste Topstar der modernen Astronomie:
Galileo Galilei **8**

2. Warum fallen Planeten nicht in die Sonne? **21**

3. Riesenteleskope, ein neuer Planet und
unsichtbare Strahlung **31**

4. Der Geheimcode der Sterne **40**

5. Verrät die Farbe, wie schnell ein Stern ist? **50**

6. Wie groß ist das Weltall? **60**

7. Die Entdeckung der Roten Riesen **72**

8. Das gekrümmte Weltall **82**

9. Die Flucht der Spiralnebel **94**

10. Das Echo des Urknalls **105**

11. Pulsare – Leuchtfeuer im All **114**

12. Das Herz der Milchstraße – ein hungerndes
Schwarzes Loch **125**

Wer will noch mehr wissen? **137**

Antworten zu den Fragen **151**

Über 400 Jahre Entdeckungsreise

Im Jahr 1609 wurde ein ganz neuer Himmel entdeckt – einer, von dem niemand etwas geahnt hatte! Der berühmte italienische Physiker Galileo Galilei sah mit dem gerade erfundenen Fernrohr Berge auf unserem Mond und um den Planeten Jupiter vier kleine Monde. Die Milchstraße war kein milchiger Nebel, sondern ein riesiges Sternenmeer. Und das Fernrohr zeigte noch andere unglaubliche Dinge. Es war der Beginn einer unendlich spannenden Entdeckungsreise in die Weiten des Weltraums, die bis heute andauert! Das Jahr 2009 wurde zur Feier von Galileis Entdeckungen von der UNESCO (der Organisation der Vereinten Nationen für Erziehung, Wissenschaft und Kultur) sogar zum Internationalen Jahr der Astronomie ausgerufen.

In den gut 400 Jahren seit Galilei ist noch viel Aufregendes gefunden worden: neue Planeten, veränderliche Sterne, Pulsare, Schwarze Löcher … Dieses Buch erzählt die spannendsten Geschichten dazu bis in unsere Gegenwart. Auch Fragen sind dabei und Tipps, wie man die eine oder andere Entdeckung mit dem eigenen Fernglas oder Fernrohr nachmachen oder kleine Experimente dazu durchführen kann. Am Ende gibt es eine ganze Menge Zusatzinfos, die vielleicht noch schlauer machen, als es die großen Entdecker selbst waren.

Und wer noch mehr sehen und wissen will, sollte einmal die große Ausstellung „Astronomie" im Deutschen Museum in München besuchen. Es ist so in etwa die größte Ausstellung der Welt zu diesem Thema, mit einer Sternwarte, einem Planetarium und vielen Demonstrationen. Ihr könnt dort durch kleine Teleskope blicken, Doppelsterne untersuchen, Neutronensterne kreiseln sehen und euch sogar auf allen unseren Planeten wiegen. Das ganze Weltall seit Galilei steht in dieser Ausstellung offen – für alle und jeden!

München, im Juli 2017
Prof. Dr. Jürgen Teichmann

1. Der erste Topstar der modernen Astronomie: Galileo Galilei

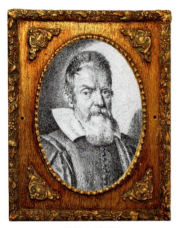

Galileo Galilei, 1564–1642

Galileo Galilei war der erste Star der modernen Astronomie – mit ihm fängt unsere Entdeckungsreise an. Eigentlich interessierte er sich mehr für Physik. Er entdeckte z. B. das mathematische Gesetz, nach dem Steine zur Erde fallen oder Kanonenkugeln fliegen. Im Jahr 1609 jedoch hängte er alle Physik für eine Weile an den Nagel und fand mit seinem neuen Fernrohr sensationelle Dinge am Himmel, die noch niemand vor ihm gesehen hatte; sogar welche, die erst viel später richtig entdeckt wurden, zum Beispiel den Planeten Neptun. Den hielt Galilei nur für einen der irrsinnig vielen Sternpunkte, die seine Teleskope am Himmel zeigten. Er hat ihn überhaupt nicht beachtet. Erst mehr als 200 Jahre später wurde er als Planet identifiziert und beschrieben.

Das Fernrohr zeigte einfach zu viel für die ersten Beobachter: statt der rund 5.000 Sterne, die wir mit bloßen Augen von der Erde aus sehen, 100- bis 1.000-mal mehr, ein unüberschaubares, verwirrendes Meer von Sternen. Da kann man nicht gleich feststellen, ob sich ein Pünktchen zwischen vielen Tausenden anderer Pünktchen bewegt. Und nur daran ist ein so ferner Planet mit einem Fernrohr von den übrigen Sternen zu unterscheiden: dass er sich zwischen all den Lichtpunkten am Himmel Tag für Tag, oder vielmehr Nacht für Nacht, langsam fortbewegt.

Was sind Planeten und was unterscheidet sie von Sternen?

Das Wort „Planet" kommt aus dem Griechischen und heißt „Wanderer" oder „Wandelstern". Planeten sind nicht immer an der gleichen Stelle zwischen den übrigen Sternen zu sehen. Als Planeten bezeichnet man heute die acht Himmelskörper, die um unsere Sonne kreisen: Merkur, Venus, Erde, Mars, Jupiter, Saturn, Uranus und Neptun.

Außerdem bewegen sich viele Kleinplaneten, auch Planetoiden genannt, um die Sonne. Es gibt Unmengen davon zwischen Mars und Jupiter. Jenseits von Neptun kreisen auch deutlich größere – zum Beispiel Pluto, der bis vor einigen Jahren noch als Planet galt. All das konnte Galilei mit seinen einfachen Fernrohren noch nicht sehen.

Die übrigen Sterne, auch „Fixsterne" genannt (*fix* ist lateinisch und bedeutet „fest"), heißen so, weil sie – nach einer Erddrehung – immer an der gleichen Stelle am Himmel zu stehen scheinen. Da sie so weit von uns entfernt sind, sehen wir ihre Bewegung kaum oder gar nicht. Sie sind Sonnen, leuchten also aus sich selbst heraus, während unsere Planeten nur von der Sonne angestrahlt werden. Um solche fernen Sonnen kreisen auch Planeten. Das wissen wir aber erst seit dem Ende des 20. Jahrhunderts (siehe Kapitel 5).

Wusstest du ...

Viele Kleinplaneten im Weltall sind nur einige Kilometer groß.

Der erste Topstar der modernen Astronomie: Galileo Galilei

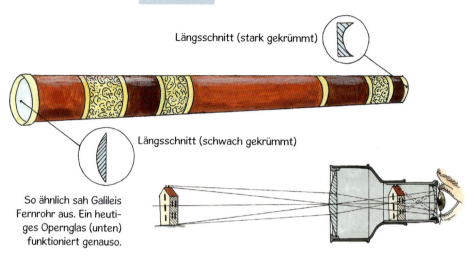

So ähnlich sah Galileis Fernrohr aus. Ein heutiges Opernglas (unten) funktioniert genauso.

Im Sommer 1609 war Galilei schon lange Jahre Professor an der Universität Padua, die zum reichen Kaufmannsstaat Venedig gehörte. Von holländischen Matrosen hörte er eines Tages, dass in ihrem Heimatland ein Zauberrohr erfunden worden war, mit dem man weit entfernte Dinge vergrößern konnte. Sofort ahnte Galilei, dass damit Geld zu verdienen war. Und Geld war für Pfeffersäcke – so hießen reiche Kaufleute, weil sie an Pfeffer aus Asien viel Geld verdienten – immer das Wichtigste. Innerhalb von ein paar Tagen fand Galilei selbst den Trick heraus: ein Rohr aus Holz oder Metall, vorne eine schwach nach außen gekrümmte Glaslinse, hinten, am Auge, eine stärker nach innen gekrümmte. Eigentlich ganz simpel, aber die Wirkung war umso erstaunlicher! Sofort wollte er dieses wundersame Gerät der Regierung von Venedig vorführen.

Alle, auch die ältesten Staatsräte, kletterten eines schönen Tages mit Galilei zusammen auf den Markusturm mitten in der Stadt und blickten durch sein Fernrohr auf das Meer hinaus. Sie sahen nahe und ferne Schiffe in dem schwankenden Rohr auf und ab tanzen. Setzten sie aber das Fernrohr ab, war von den allerfernsten Schiffen gar nichts zu sehen. Bis zu zwei Stunden mussten sie warten, bis die Schiffe so nahe gekommen waren, dass die schärfsten Augen sie gerade als ferne Pünktchen sehen konnten. So lange harrte man auf dem Turm aus. Denn richtig glauben wollte zunächst niemand, dass das, was man in diesem Zauberglas erblickte, wirklich vorhanden war. Doch, es war vorhanden! Das hieß: zwei Stunden mehr Vorwarnung vor einem feindlichen Angriff! Was für eine Erfindung!

Galilei erhielt eine großartige Belohnung – sein Gehalt wurde verdoppelt und er bekam eine Professur auf Lebenszeit versprochen. Das Geheimnis seines exzellenten Rohres sollte er aber auf keinen Fall verraten, Venedig wollte es für sich behalten. So gute Fernrohre wie die von Galilei gab es sicher nirgendwo anders.

Seine Fernrohre waren in der Tat viel besser als die holländischen, die schon überall in Europa verkauft wurden. In Venedig hatte man eben eine lange Tradition und große Erfahrung im Glasschleifen. Außerdem war Galilei ein exzellenter Instrumentenbauer. Aber er hatte noch viel Mühe, besonders klares Glas für die Linsen zu bekommen.

Galileis Vorführung sprach sich schnell herum. Bald wollten Fürsten und reiche Gönner solch ein Zauberrohr haben. Allerdings nicht, um Sterne zu beobachten – von Astronomie noch keine Spur! Es war schon zauberhaft genug – und noch dazu nützlich –, alles auf der Erde nahe heranzuholen.

Auch Galilei kam die nächsten Monate nicht auf die

Der erste Topstar der modernen Astronomie: Galileo Galilei

Idee, in den Himmel zu blicken. Erstens hatte er alle Hände voll mit Fernrohraufträgen zu tun und zweitens: Was sollte man am Himmel schon sehen? Gestirne am Himmel schienen so weit weg, dass die zehn- oder 30-fache Vergrößerung solch eines Linsenrohres nicht viel mehr als die gleichen Lichtpunkte zeigen konnte. Das galt auch für die Planeten Merkur, Venus, Mars, Jupiter und Saturn. Die Milchstraße bestand aus milchigem Nebel, mehr nicht. Die Sonne andererseits erschien so vollkommen gleichmäßig hell – da konnte ein Fernglas wohl kein i-Tüpfelchen zusätzlich entdecken. Nur der Mond, das sah man ja ganz klar, der hat ein Gesicht – hell und dunkel. Da hätte doch Galilei ...! Hier kamen ihm in der Tat andere zuvor und versuchten, das Gesicht zu vergrößern. Aber keiner erregte mit seinen Beobachtungen so großes Aufsehen wie Galilei. Er richtete sein Fernrohr erst im Spätherbst 1609 auf den Himmel. Und vielleicht ärgerte er sich jetzt über die vertane Zeit: Was gab es da Unglaubliches zu sehen! Davon hatte ihn der ganze Fernrohrtrubel jedoch monatelang abgehalten!

Zunächst der Mond: Statt einer scharfen Schattengrenze zwischen der hellen Mondsichel und dem dunklen Bereich sah er nun viele Zacken in dieser Grenze, wild nach links und rechts ausschlagend. Auch gab es gleißend helle Spitzen im dunklen Teil, nahe dem hellen. Er vertiefte sich tagelang in dieses Schauspiel und schnell war ihm klar: Da musste es hohe Berge auf dem Mond geben, die zackige Schatten warfen. Und helle Bergspitzen tauchten aus dem Dunkel heraus, wenn dort in allen Tälern die Sonne schon untergegangen war – so ähnlich wie in unseren Alpen die Bergspitzen noch glühen, obwohl in den Tälern schon Dunkelheit herrscht.

Der erste Topstar der modernen Astronomie: Galileo Galilei

Unglaublich! Hielt doch alle Wissenschaft seit der Zeit der Griechen den Mond, und überhaupt jeden leuchtenden Himmelskörper, für vollkommen glatt, aus einer besonderen Himmelsmaterie, die anders als irdisches Gestein, Wasser, Luft und Feuer war. Jetzt sollte diese Himmelsmaterie Berge haben! Gab es vielleicht gar keine eigene Himmelsmaterie? Bestand der Mond einfach nur aus Dreck – wie die Erde? Und die großen Flecken auf der Mondoberfläche waren das vielleicht Meere?

Die Mondberge, wie sie Galilei durch sein Fernrohr sah

Bei den Meeren irrte sich Galilei. Soweit wir wissen, gibt es auf unserem Erdsatelliten kein Tröpfchen Flüssigkeit. Allerdings haben die Weltraumeroberer des 21. Jahrhunderts gerade etwas Eis auf Mond und Mars entdeckt.

Wusstest du ...

Vielleicht wollte Galilei nun untersuchen, ob auch Jupiter, Venus und die anderen Planeten solche Berge zeigten, und richtete sein Fernrohr zunächst auf den Göttervater Jupiter, der Anfang Januar 1610 prächtig leuchtend am Himmel stand. Nur die Venus strahlt noch heller am Nachthimmel. Berge gab es leider nicht zu entdecken, dazu war Galileis Fernrohr zu schwach. Mit größeren Fernrohren fand man viel später heraus, dass wir gar nicht auf Jupiters Oberfläche schauen können. Dicke Wolkenstrudel mit riesigen Sturmwirbeln verdecken sie vollständig. Außerdem hat er gar keine feste Oberfläche, er ist ein Gasplanet. Davon wusste Galilei natürlich nichts.

Galilei glaubte, auch Meere auf dem Mond zu sehen.

Aber er fand etwas anderes – vier Lichtpünktchen um den Planeten Jupiter, aufgereiht wie an einer leicht im Zickzack

Der erste Topstar der modernen Astronomie: Galileo Galilei

Der Jupiter hat vier Monde!

verlaufenden Perlenschnur. Sie tauchten jeden Tag an einer anderen Stelle dieser Perlenschnur auf, aber es blieben immer vier. Beobachtete er jeden einzeln, kam er nach einer Weile wieder an seinen Ausgangspunkt zurück. Galilei war sofort klar: Die Pünktchen kreisen um den Jupiter, so wie unser Mond um die Erde. Und weil es genau vier waren, bot er sie untertänigst dem Herzog Cosimo von Florenz an, in einem schmalen Büchlein, seiner *Sternenbotschaft*. Äußerst raffiniert tat er so, als wäre das Buch nur für den Herzog Cosimo aus der berühmten Familie Medici und seine drei Brüder geschrieben worden. Die vier Lichtpunkte nannte er Mediceische Gestirne. Alle vier Brüder Medici durften also am Himmel um den höchsten der griechischen Götter, um Jupiter, kreisen.

Das war eine tolle Schmeichelei – mit Hintergedanken! Galilei wollte nach Florenz, weg von der Universität Padua, weg von der Republik Venedig mit ihren Pfeffersäcken. Tatsächlich holte Herzog Cosimo Galilei im Herbst 1610 als Hofgelehrten nach Florenz. Hier musste er nicht mehr mühselig Studenten unterrichten, sondern durfte nach Herzenslust forschen, genau wie er es sich gewünscht hatte.

Wusstest du … Heute heißen die vier Mediceischen Gestirne, die größten unter den vielen Monden des Jupiter, nach ihrem Entdecker „Galileische Monde". Du kannst sie mit einem Feldstecher gut beobachten.

Der erste Topstar der modernen Astronomie: Galileo Galilei

Das war aber noch nicht alles, was Galilei entdeckte. Die Milchstraße in Sterne aufzulösen, war einfach. Nur das Fernrohr darauf richten, schon sieht man statt Milch ein Sternenmeer. Im wunderschönen Sternbild Orion fand Galilei 100-mal mehr Sterne, als man mit bloßem Auge sehen konnte. Allerdings blieben auch die hellsten schon bekannten Sterne Lichtpünktchen und wurden kein bisschen größer, im Gegensatz etwa zu Jupiter, den man im Fernrohr als Scheibchen sehen konnte. Die Lichtpünktchen mussten also ungeheuer weit weg sein.

Schließlich untersuchte Galilei auch die Sonne. Direktes Hineinschauen in das gleißend helle Licht ist allerdings brandgefährlich. Da kann man sofort blind werden!

Galilei fand dunkle Flecken auf diesem so schönen Gestirn. Das schockierte die Welt! Dunkle Flecken auf der so voll-

Galilei projizierte das Sonnenlicht auf ein Blatt Papier.

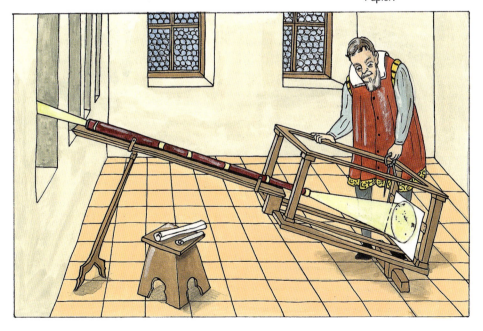

kommenen leuchtenden Sonne? Das durfte nicht sein. Andere übrigens hatten das schon vor ihm entdeckt. Galilei war aber der Erste, der diese Flecken richtig erklärte: Sie gehören wirklich zur Sonne, es sind keine dunklen Kleinplaneten, die um sie kreisen, wie manche anderen Entdecker meinten.

Wusstest du ...

Sonnenflecken sind Bereiche auf der Sonne, die statt etwa 5.500 °C, wie die gleißende Sonnenoberfläche, nur etwa 3.500 °C heiß sind. Sie erscheinen uns deshalb dunkler. In Wirklichkeit sind sie immer noch ungeheuer hell.

Am liebsten hätte Galilei einen Beweis am Himmel gefunden, dass sich die Erde selbst bewegt: einmal pro Tag um ihre Achse und einmal im Jahr um die Sonne. Das hatte sein bewundertes Vorbild, der Astronom Nikolaus Kopernikus, etwa 60 Jahre früher behauptet. Galilei glaubte daran, wagte es aber noch nicht laut zu sagen, denn die katholische Kirche war strikt gegen diese Idee. Stand doch in der Bibel, im Alten Testament, Gott hätte im Tal Gibeon die Sonne stillstehen lassen. Und wenn Gott die Sonne wunderbarerweise anhalten konnte, musste sie sich normalerweise bewegen – und nicht die Erde. Auch gab es wissenschaftliche Einwände, zum Beispiel: Wenn sich die Erde und alle anderen Planeten um die Sonne bewegen, warum kreist dann der Mond um die Erde, ganz alleine? Eine unverständliche Ausnahme! Fein, da konnte Galilei schon triumphierend auf seine Jupitermonde zeigen. Eine so große Ausnahme ist unser irdischer Mond nicht.
Aber er hatte noch einen weiteren Trumpf im Fernrohr. Die Venus sah man durch das Teleskop manchmal als Si-

Der erste Topstar der modernen Astronomie: Galileo Galilei

Die Venus erscheint manchmal näher und groß, als Sichel, manchmal fern und klein, als Vollvenus. Sie muss also um die Sonne kreisen.

chel, manchmal als Halbvenus, manchmal sogar, ziemlich klein geworden, als fast runde Vollvenus. Sie bleibt immer in der Nähe der Sonne: Als Abendstern geht sie bald nach ihr unter, als Morgenstern geht sie kurz vor der Sonne auf. Vor Galilei glaubte man, sie würde mit der Sonne um die Erde wandern, dabei manchmal links, manchmal rechts von ihr stehen. Aber immer blieb sie zwischen der Sonne und uns. Sie konnte also nie hinter der Sonne verschwinden. Warum erschien sie dann im Fernrohr Galileis mitunter fast als Vollvenus? Das konnte die alte Theorie nicht erklären. Die Venus musste um die Sonne herumkreisen, nur dann sieht man sie manchmal voll beschienen. Das bewies das Fernrohr eindeutig. Ja, und wenn die Venus als Planet um die Sonne kreist, warum nicht auch die Erde?

Versuch

Wann können wir einen dunklen Körper überhaupt sehen?

1. Er muss von einer Lichtquelle bestrahlt werden.
2. Das Licht wird von seiner Oberfläche nicht verschluckt, sondern in unsere Augen zurückgestrahlt.

○ Nimm einen Tischtennisball und halte ihn vor eine helle Lampe. Dann erscheint er dunkel. Die Lampe bestrahlt ihn zwar, aber nur seine Rückseite. Das Licht, das er von dort zurückstrahlt, kommt nicht in unsere Augen.

Der erste Topstar der modernen Astronomie: Galileo Galilei

○ Jetzt kreise mit ihm langsam um die Lampe, bis er hinter ihr verschwindet. Du siehst deutlich, wie der Teil des Balls, der der Lampe zugewandt ist, anfängt, heller zu werden. Erst siehst du eine schmale Sichel, dann ist er schon zur Hälfte hell und schließlich siehst du ihn fast voll leuchten – kurz bevor er hinter der Lampe verschwindet. Genau das beobachtete Galilei bei der Venus.

Frage 1 Beim Mond gibt es ja auch Vollmond. Doch stehen Erde, Sonne und Mond dann anders als Erde, Venus, Sonne. Wie?

Natürlich war das kein sicherer Beweis für die Erdbewegung. Und als sich Galilei 20 Jahre später traute, laut zu sagen „Kopernikus hat recht", da stopfte man ihm schnell den Mund, und gar nicht mal zu Unrecht. Er führte nämlich ziemlich faule Gründe an: Ebbe und Flut sollten beweisen, dass die Erde sich täglich um sich selbst und jährlich um die Sonne bewegt. Man könne so etwas Ähnliches wie Ebbe und Flut in Booten beobachten, sagte er – die ja in den

Der erste Topstar der modernen Astronomie: Galileo Galilei

Kanälen von Venedig allgemeines Transportmittel waren. Trinkwasser, das in Gefäßen in die Stadt gebracht wurde, schwappte hin und her, je nachdem, wie die Boote sich bewegten. So ähnlich sollte das Drehen und Kreisen der Erde das Wasser der Meere anstoßen. Das ist aber nicht wahr. Ebbe und Flut verursacht vor allem der Mond, der das Meerwasser anzieht.

Doch eine vernünftige Pro-und-Kontra-Diskussion erlaubte man Galilei sowieso nicht. Die Bewegung der Erde war gegen Gottes Wort gerichtet, eine Ketzerei. Basta! Ihm gleich die Folter anzudrohen, ihn zu zwingen, seine Ansichten zu widerrufen, sein Buch zu verbieten und ihn lebenslang in sein Haus einzusperren, war also ziemlich folgerichtig – aus der Sicht der Kirche zumindest. Galilei hat eigentlich sogar Glück gehabt. Andere, die der Kirche unliebsame Ideen verbreiteten, wie der Mönch Giordano Bruno, wurden öffentlich verbrannt.

Wusstest du ...

Angeblich hat Galilei, als er den Gerichtssaal verließ, in dem er seine Theorie von der Bewegung der Erde widerrufen musste, trotzig gemurmelt: „Und sie bewegt sich doch!" Wir wissen nicht, ob es so war, aber gedacht hat er das sicher!

So großartig im Übrigen die Entdeckungen Galileis sind – nicht nur mit seiner Ebbe-und-Flut-Theorie hat er Unsinn verzapft. Kometen hielt er, wie die alten Griechen, für Dünste aus der Erde. Und das Schlimmste vielleicht: Die tolle Theorie der Planetenbahnen als Ellipsen sah er als Hirngespinst eines weltfremden deutschen Mathematikers, Johannes Kepler, an. Kepler hatte im gleichen Jahr, in dem Galilei die ersten Himmelsbeobachtungen machte, ein dickes Buch über Planetenbahnen geschrieben, das für die Theorie der Schwerkraft bald ungeheuer wichtig wurde (siehe Kapitel 2).

Immerhin, Galilei stieß mit seinem Fernrohr das Tor zum Himmel weit auf. Vor ihm war es nur einen Spalt offen, durch den wir mit unseren bloßen Augen blinzeln konnten.

Wusstest du ...

Solch einen Riesensprung in den Entdeckungen am Himmel, wie ihn Galilei vollbracht hat, hat es vor nicht allzu langer Zeit wieder gegeben: Seit 1990 fand das erste große Röntgenteleskop, ROSAT, von einer Satellitenbahn um die Erde aus, bis zu 200.000 Himmelskörper, die Röntgenstrahlen aussenden. Vorher hatte man nur 5.000 gekannt. Auch andere unsichtbare Strahlen aus dem Weltall können wir heute untersuchen, das Infrarot, das Ultraviolett, die Radiostrahlung und sogar das gefährliche Gammalicht.

2. Warum fallen Planeten nicht in die Sonne?

Warum fallen alle schweren Gegenstände auf die Erde zurück, wenn man sie hochwirft? Vor dem berühmten Buch Isaac Newtons von 1687, *Mathematische Prinzipien der Naturlehre,* hieß es fast 2.000 Jahre lang: Weil alles, was schwer ist, natürlicherweise zurück zur Erde will, zum Weltzentrum. Schwere Dinge wollen sich wenig bewegen und können im Weltzentrum völlig in Ruhe bleiben – dort ist ihr „natürlicher" Ort, ihre Heimat, so wie für uns Menschen unser Zuhause der natürliche Ort ist. So als hätte jeder Stein, genau wie ein Hund oder eine Katze oder wir selbst, sein Zuhause „im Kopf", zu dem es ihn zurückzieht.

Leichte Dinge dagegen, wie Gase und Feuer, wollen ausschließlich nach oben steigen, vom Weltzentrum weg. Dort ist ihr natürlicher Ort. Himmelskörper wie Sterne und Planeten waren nach dieser Theorie etwas völlig anderes, ihr natürlicher Ort sollte der ferne Himmel sein. Sie durften sogar ungeheuer schnell um die Erde rasen, weil sie überhaupt nicht aus irdischer Materie bestehen sollten, weder aus Erde, Wasser noch den Gasen in der Luft oder aus Feuer. Himmelskörper sollten aus superleichter Himmelsmaterie bestehen.

Nun gut, inzwischen hatten schon Kopernikus, Galilei, Kepler und andere die Sonne ins Zentrum der Welt gesetzt und die Erde um die Sonne kreisen lassen. Wie erklärten sie, dass Steine, Holz und Eisen auf die Erde zurückfallen? Sie war ja nun nicht mehr das Weltzentrum. Die Herren hatten noch nicht viel Neues auf Lager: Weil alles Schwere auf der Erde sich an seinem heimatlichen Ort vereinen will.

Wollen auch Steine zurück nach Hause auf die Erde?

Warum fallen Planeten nicht in die Sonne?

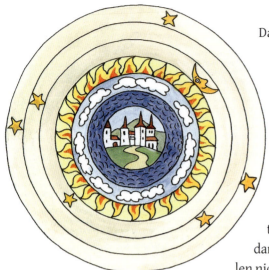

Das Weltbild vor Kopernikus und Newton: in der Mitte das schwerste Element Erde, darauf das Wasser, darüber die Luft- und Wettersphäre. Dann kam eine Feuersphäre und schließlich der Himmel mit Sonne, Mond und Sternen.

Da Venus oder Mars nun Planeten sind, die wie die Erde um die Sonne kreisen – so hatte das ja Kopernikus behauptet –, müssen sie auch schwer sein. Das war das Ende der „Himmelsmaterie". Und alles Schwere zum Beispiel auf der Venus und dem Mars? Das vereinigt sich mit der Venus oder dem Mars. Wenn aber alle Planeten schwer sind, warum kreisen sie dann überhaupt um die Sonne und fallen nicht auf sie herunter, um sich mit ihr zu vereinen? Die Sonne sitzt doch, ungeheuer schwer, im Zentrum der Welt. Planeten um die Sonne sind so etwas wie Steine auf der Erde, nur viel schwerer – allerdings auch weiter entfernt von der Sonne.

Kopernikus und Galilei machten sich noch keine Gedanken darüber. Galilei glaubte, die Kreisbewegung sei nun mal die einfachste Bewegung, die es am Himmel gibt. Planeten laufen ganz von alleine um die Sonne. Es braucht keine Kraft, die sie dazu zwingt. Der Deutsche Johannes Kepler war der Erste, der anfing, sich wirklich den Kopf über diese Frage zu zerbrechen.

Zunächst bewies er 1609 mit zwei Gesetzen, dass der Mars nicht einfach kreist, sondern sich elliptisch um die Sonne bewegt – wenn er ihr nahe ist, schneller, weiter weg, langsamer. Und so gelte das wohl auch für die übrigen Planeten. Das konnte er allerdings noch nicht direkt beweisen. Mit diesen keplerschen Gesetzen kann man heute haargenau ausrechnen, wo jeder Planet zu x-beliebiger Zeit am Himmel steht.

Zehn Jahre später fügte Kepler noch ein drittes Gesetz hinzu. Mit ihm kann man berechnen, um wie viel länger ein Planet für seine Runde um die Sonne braucht, der weiter von ihr entfernt ist als ein anderer. Bis heute braucht man in der Astronomie die keplerschen Gesetze – zusammen mit Newtons Schwerkraftgesetz –, zum Beispiel um auszurechnen, wie groß die Masse des Schwarzen Lochs in unserer Milchstraße ist (siehe Kapitel 12, Erklärungen S. 140/141).
In der Sonne nun sollte laut Kepler eine Kraft sitzen, ähnlich der in einem Magneten.

Johannes Kepler, 1571–1630

Kleine, aber starke Magnete kannst du heute billig im Internet kaufen. Kreise mit solch einem Magneten unter einer Tischplatte oder einem Buchdeckel. Kleine Schrauben oder andere Eisenteile, die obenauf liegen, werden dann brav mit herumgezogen.

Versuch

So ähnlich wie ein Magnet kleine Eisenteile sollte die Sonne durch eine Drehung um ihre eigene Achse – die es tatsächlich gibt, das entdeckte Galilei! – die Planeten mit sich herumreißen. Aber die Sonne konnte kein normaler Magnet sein, denn der zieht ja Nägel schwuppdiwupp geradeaus zu sich heran, wenn keine Tischplatte dazwischen ist. Das tut die Sonne mit den Planeten nicht. Die bleiben schön auf Ellipsenbahnen. Unsere Schwerkraft auf der Erde dagegen zieht schwere Dinge geradewegs nach unten und nicht um die Erde herum.

So zeichnet man eine Ellipse. Der Faden sollte länger sein als der Abstand der Befestigungspunkte und muss immer straff bleiben.

Warum fallen Planeten nicht in die Sonne?

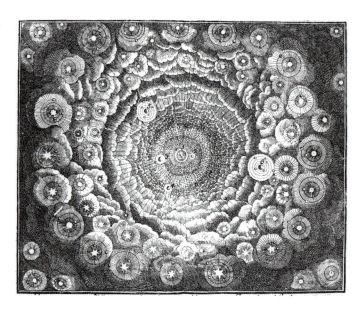

Das Weltall in der Vorstellung von Descartes – Wirbel reißen die Planeten herum.

Kepler nahm daher an, diese Schwerkraft, die alles so gerade herunterzieht, müsse etwas anderes sein als die Kraft in der Sonne, die Planeten nur in Bögen herumreißt. Der Philosoph und Naturforscher René Descartes wiederum glaubte, dass rund um jede Sonne unsichtbare Wirbel im Weltall existieren, so wie es sichtbare Wasserstrudel auf der Erde gibt, die alles herumwirbeln können.

Wusstest du ...

Schwerkraft oder Gravitation nennen wir die Kraft, die alle Dinge auf unserer Erde zum Erdboden zieht. Vielleicht sollten wir die Schwerkraft deshalb so nennen, weil sie unser tägliches Leben so schwer macht. Andererseits: Gäbe es sie nicht, würde alles ständig um uns herumschweben, wie in einer Raumstation: schwere Balken, unsere Spucke, unser

Warum fallen Planeten nicht in die Sonne?

> Essen, wir natürlich auch. Wir müssten uns wie Astronauten ständig irgendwo festhalten oder anschnallen, um etwas Vernünftiges tun zu können. Das Leben würde also auch ohne Schwerkraft nicht leichter werden.

Der Erste, der fest daran glaubte, dass die Kraft der uns so fernen riesigen Sonne auf die Planeten und die der 100-mal kleineren Erde auf Steine und Balken und Menschen ein und dieselbe ist, war der geniale englische Mathematiker und Physiker Isaac Newton (1643–1727).

Nach seiner Theorie ziehen sich alle Gegenstände, egal, ob es nun Steine oder Planeten sind, gegenseitig an. Umso stärker, je schwerer sie sind und je näher sie einander kommen. Sehr schwere Dinge haben also eine viel größere Anziehungskraft als kleinere, leichtere. Sie ziehen alle kleineren Dinge zu sich, wie eben die Erde die leichteren Steine.

Isaac Newton, 1643–1727

Eine Idee haben, ist eines, aber wie bewies er das? Newton sagte sich: Wenn ich herausfinde, dass die Kraft der Erde auf einen Stein genauso groß ist wie die Kraft der Erde auf den Mond, dann gilt das wohl für alle Himmelskörper, also auch für die Kraft zwischen Sonne und Planeten.

Die Anziehungskraft musste nach seiner Theorie mit der Schwere der Körper zunehmen. Sie musste bei doppelt so großer Masse doppelt so groß sein. Mit dem Abstand dagegen sollte sie quadratisch kleiner werden, also bei doppeltem Abstand 2 x 2 = viermal kleiner sein, bei dreifachem schon 3 x 3 = neunmal kleiner. Das ist Newtons berühmtes Gravitationsgesetz.

Wusstest du ...

Die Fläche eines Quadrates berechnet man Seitenlänge mal Seitenlänge und schreibt dafür Seitenlänge^2, gesprochen: Seitenlänge hoch 2 oder Seitenlänge Quadrat. Zum Quadrat nehmen bedeutet also, eine Zahl mit sich selbst zu multiplizieren.

Dass die Kraft umso stärker ist, je schwerer ein Körper ist, kann man schnell einsehen. Die Sache mit dem Quadrat des Abstandes ist schon komplizierter. Warum sollte die Kraft mit dem Quadrat abnehmen? Das hat Newton aus dem dritten Gesetz von Johannes Kepler gefolgert.

Und jetzt kommt seine raffinierte Lösung zu Steinfall und Mondbahn. Der Mond ist rund 60-mal weiter vom Mittelpunkt der Erde entfernt als jeder Stein auf der Erdoberfläche. Das wussten schon die alten Griechen. Nun musste Newton nachweisen, dass die Anziehungskraft zwischen Erde und Mond genau 60 x 60 = 3.600-mal kleiner ist als zwischen Erde und Stein (diese kannte man aus dem Fallgesetz von Galilei). Dann war es sicher die gleiche Art Kraft, die unsere Steine zur Erdoberfläche zurückholt.

Der Mond fällt aber nicht! Doch, widersprach Newton, der Mond fällt, aber eben um die Erde herum. Wenn ich einen Stein waagrecht von einem Turm wegwerfe, segelt er zunächst ein Stück vom Turm weg, zugegeben ein sehr kleines Stück, bis er dann – fast – senkrecht zu Boden fällt. Wenn ich ihn schneller waagrecht wegschleudere, segelt er weiter über die Erdoberfläche,

Der Stein könnte ewig kreisen, wenn er schnell genug geworfen wird und es keine Luft gäbe.

bis er schließlich doch noch herunterfällt. Wenn ich ihn nun mit einer riesigen Geschwindigkeit von knapp über 40.000 km/h wegschleudern könnte, würde er wie der Mond um unsere Erde herumkreisen; natürlich nur, wenn keine Luft und auch sonst keine Türme oder Berge da wären, die ihn abbremsen. Auf der Erde gibt es natürlich Luft, aber im Weltall gibt es keine, die einen Stein oder eben den Mond bremsen könnte.

Was würde mit dir im leeren Weltall passieren?

○ Du könntest nicht mehr atmen, da es keine Luft mehr gibt – überhaupt sehr wenig Materie, vielleicht noch ein Atom pro einen Fingerhut „Weltall".

○ Nach einigen Sekunden würde dein Blut anfangen zu kochen, da kein Luftdruck da ist, der sonst jede Flüssigkeit in ihr Gefäß drückt.

○ Du würdest in null Komma nichts erfrieren, weil es superkalt ist, -273 °C (falls keine Sonne zum Erwärmen in der Nähe ist). Kälter geht es nicht mehr.

○ Du würdest zwar scheinbar schwerelos herumschweben, aber doch langsam, ganz langsam irgendwohin gezogen werden, durch irgendwelche schwachen Schwerkräfte von fernen Sonnen oder Planeten, die dich anziehen.

Wusstest du ...

Gäbe es die Erde allerdings nicht, würde der Stein ewig geradeaus fliegen. Das täte dann auch der Mond, so wie wir das bei Funken an einem Schleifstein sehen, die so leicht sind, dass die Erdanziehung sie kaum zurückzieht. Dieses Geradeaus-fliegen wollen erscheint uns, wenn wir dabei mitbewegt werden, etwa in einem Kettenkarussell oder in einem Auto in einer Kurve, wie ein Zug nach außen. Wir nennen es dann Fliehkraft. Das Auto (und wir darin) möchte eigentlich geradeaus weiterfahren. Nur die Reifen, die auf der Straße haften, halten es in der Kurve fest.

Beim Mond ist es die Erde, die ihn festhält. Auch er möchte eigentlich geradeaus fliegen, aber die Erde zieht ihn immer wieder ein Stück zurück. Dieses Stück fällt er sozusagen auf die Erde zu, so wie der Stein. Die Kraft, die ihn dieses Stück zurück zieht, ist die Anziehungskraft der Erde. So fällt der Mond weder auf die Erde, noch rast er auf Nimmerwiedersehen ins Weltall davon, sondern segelt immer wieder um unsere Erde herum.

Der Mond will geradeaus fliegen, doch die Schwerkraft zieht ihn immer wieder ein Stück zur Erde.

Aus der Entfernung des Mondes von der Erde und seiner Geschwindigkeit kann man einfach berechnen, wie stark ihn die Erde so weit weg von uns noch anzieht. Ihre Anziehungskraft ist tatsächlich genau 3600-mal kleiner als die auf einen Stein aus unserer Hand. Schwerkraft, die auf einen Stein wirkt, und die Anziehungskraft aller Himmelskörper untereinander, so konnte Newton mit seiner Rechnung beweisen, ist also ein und dasselbe. In jeder Masse im Weltall sitzt so eine Schwerkraft, wie ein Krake, und zieht alle übrigen Massen an. Und doch ist dieser

Warum fallen Planeten nicht in die Sonne?

Kraft relativ schwach, sonst könnten wir keinen Apfel von der Erde aufheben. Wir schaffen das aber spielend, obwohl der Apfel von der riesigen Erde zurückgezogen wird. Gleichzeitig hält diese Kraft aber unsere Erde und die anderen Planeten auf ihren Umlaufbahnen um die Sonne, so wie den Mond auf seiner Bahn um die Erde. Mithilfe dieser allgemeinen Gravitationskraft konnte Newton auch die Ellipsenbahnen der Planeten berechnen. Sein Freund Edmond Halley (1656–1742) kalkulierte sogar die Ellipsenbahn eines Kometen. Das war eine ganz neue aufregende Entdeckung, dass Kometen ständig wiederkehren können. Etwa 76 Jahre braucht sein Komet, um einmal um die Sonne herumzuschwingen. Jahrhundertelang hatte man ihn immer wieder gesehen, aber nicht erkannt, dass es derselbe Komet war. Er heißt noch heute Halleyscher Komet.

Die Bahn des Halleyschen Kometen um die Sonne

Erde
Sonne
Erdbahn
Kometenschweif
Kometenkern
Kometenbahn

Was ist ein Komet?

Kometen, in ihrem Kern schmutzige große Schneebälle oder eisige Staubbälle, kommen von weit außerhalb der Planetenbahnen in die Nähe der Sonne und zeigen dann oft einen Kometenschweif. Sie stürzen mitunter in die Sonne (manchmal auch auf den Jupiter) oder verschwinden wieder in der Weite des Alls, manchmal auf ewig oder auch, um nach vielen Jahren zurückzukommen.

Wusstest du ...

Der Komet McNaught konnte Anfang 2007 sogar am Taghimmel gesehen werden.

Man konnte und kann überhaupt alle Bewegungen im Weltall mit diesem Gravitationsgesetz von Newton und mit Keplers Gesetzen genau voraus- und zurückberechnen. Zum Beispiel, ob am 22. Juni des Jahres 10140 v. Chr. Sonne, Mond und Erde in einer Linie standen, sodass es eine Sonnenfinsternis gab – falls das jemanden interessiert! Jede Bahn einer Rakete oder Weltraumsonde muss sich genauso Newtons Gesetzen beugen.

Frage 2 Auf einem hohen Berg bist du schon etwas weiter von der Erde weg als im Tal. Bist du dann auch leichter als im Tal?

3. Riesenteleskope, ein neuer Planet und unsichtbare Strahlung

Wer hätte gedacht, dass ein Violinen- und Oboenspieler die besten Fernrohre seiner Zeit bauen kann und damit sofort einen neuen Planeten entdeckt! Noch mit 61 Jahren, wenn andere nur noch Blumen pflanzen oder vor dem Fernseher sitzen, entdeckte dieser ehemalige Musiker die erste unsichtbare Strahlung aus dem Weltall: die Infrarotstrahlung der Sonne.

Friedrich Wilhelm Herschel hieß er. Ganz wesentlich bei all seinen Entdeckungen hat ihm seine jüngere Schwester Caroline geholfen, die ebenfalls musikalisch sehr begabt war. 1756, da war Friedrich Wilhelm gerade 18 Jahre alt, begann der Preußenkönig Friedrich der Große den Siebenjährigen Krieg. Auch Friedrich Wilhelm, sein Bruder Jakob und sein Vater mussten als Regimentsmusiker in Dreck und Gefahr gegen die Preußen marschieren. Die beiden Söhne flohen schließlich nach England.

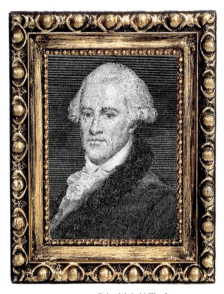

Friedrich Wilhelm Herschel, 1738–1822

Jakob kehrte bald wieder in das vertrautere Deutschland zurück, aber Friedrich Wilhelm blieb, lernte, gutes Englisch zu sprechen, und nannte sich schließlich nur noch William. Innerhalb von zehn Jahren legte er eine atemberaubende Karriere als Musiker hin, schrieb Sinfonien, Konzerte und natürlich Militärmärsche. Er verdiente in Bath, dem vor-

Riesenteleskope, ein neuer Planet und unsichtbare Strahlung

Die Brüder Herschel begehen Fahnenflucht.

nehmsten Kurort Englands, schließlich so viel Geld, dass er nach und nach seine Geschwister Jakob, Dietrich, Alexander und 1772 auch Caroline nach England holen konnte.

William las viel, meist philosophische und naturwissenschaftliche Bücher. Besonders beeindruckten ihn die großen Entdeckungen am Himmel mit dem Fernrohr seit Galileis Zeiten. Was da beschrieben wurde, wollte er selbst sehen! Als Musiker spielte er seine Instrumente ja auch selbst und komponierte sogar, anstatt einfach nur zuzuhören oder Musiknoten zu lesen. Zunächst kaufte sich William ein kleines Fernrohr und beobachtete und diskutierte den Nachthimmel zusammen mit Caroline. Dann fingen sie an, Metallspiegel zu schleifen und aus gutem Glas kleine Linsen für das Beobachtungsokular des Spiegelteleskops. Tagsüber blieb William Musiker und Caroline Sängerin – abends verwandelten sie sich

Zu Ehren Herschels erfand man ein neues Sternbild am Südhimmel: sein Fernrohr, mit dem er den Uranus entdeckt hatte.

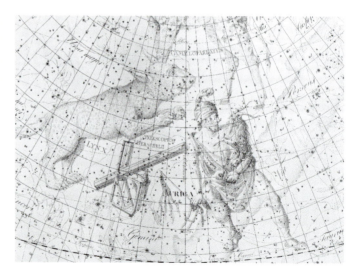

Riesenteleskope, ein neuer Planet und unsichtbare Strahlung

in Astronomen. Sobald es klaren Himmel gab, selbst bei eisigem Frost, wurde beobachtet.

Am 13. März 1781 stand William wieder einmal hinter seinem Fernrohr. Zwischen 22 und 23 Uhr sah er im Sternbild Zwillinge einen etwas größeren Stern. Er wurde noch größer und verschwommener, wenn er statt 200-facher Vergrößerung – das war damals schon ziemlich toll – eine 400-fache nahm. Die Sterne darum herum vergrößerten sich nicht, blieben weiterhin nur leuchtende Punkte. Sie waren ja so ungeheuer weit weg.

War dieser verschwommene Stern also der Erde viel, viel näher? In den folgenden Tagen stellte Herschel fest: Er bewegte sich langsam. Das war es! Es konnte kein Stern sein. Nur ein sich nähernder Komet kam infrage. Aber wo blieb der Schweif des Kometen?

Die meisten Astronomen in Europa glaubten deshalb nicht so recht daran. Nach ein paar Monaten ließ sich aus der Bewegung des seltsamen Kometen ausrechnen, welche Bahn er zog: natürlich um die Sonne, aber nicht in einer lang gestreckten Ellipse wie ein Komet, sondern eher kreisähnlich, 19-mal so groß wie die Bahn der Erde. Eine Sensation! Das konnte nur ein Planet sein! 82 Jahre würde er brauchen, um einmal die Sonne zu umrunden.

Seit Tausenden von Jahren hatten alle Astronomen nur fünf Planeten gekannt, die als kleine Lichtpünktchen unter den Fixsternen wanderten: Merkur, Venus, Mars, Jupiter, Saturn. Gut, Kopernikus hatte die Erde mit in den Topf der Planeten geworfen, also sechs. Jetzt plötzlich sollten es sieben sein! Man kannte nicht einmal den Namen des englischen Musikers genau. Hieß er nun Hertschl, Herthel, Herschel oder Hermstel? Viele Astronomen schüttelten den Kopf, bis sie doch akzeptieren mussten, dass ein unbekann-

34
Riesenteleskope, ein neuer Planet und unsichtbare Strahlung

Uranus, aufgenommen vom Hubble-Teleskop, 2003

ter Amateur mit einem selbst gebauten Fernrohr die größte Entdeckung am Himmel seit grauer Vorzeit gemacht hatte. Der Planet wurde Uranus getauft – in der griechischen Sage der Vater von Saturn.

Schon vor William Herschel hatten einige Astronomen ihn gesehen; er ist mit einem kleinen Amateurfernrohr gut zu finden. Warum hat niemand vor Herschel die Sensation erkannt? Für alle Fast-Entdecker zuvor war Uranus ein Stern wie jeder andere. Sie wunderten sich höchstens, dass sie ihn nach ein paar Monaten nicht mehr wiederfanden – ohne zu merken, dass er inzwischen weitergewandert war. Ihre Fernrohre waren auch nicht so gut und stark gewesen wie Herschels Teleskope, die bei 200-facher Vergrößerung und mehr eben zeigten: Der Stern ist ein verschwommenes, ruhig leuchtendes Scheibchen, kein einfacher funkelnder Lichtpunkt.

Wusstest du ...

Warum funkeln und flimmern Sterne, Planeten aber nicht?

Die Luft um unsere Erdoberfläche zittert immer etwas hin und her, getrieben durch Wind oder Wärme. Dieses Zittern wirft auch einen fernen winzigen Lichtpunkt, wie ein Stern es ist, hin und her. Er scheint zu flackern. Fixsterne sind Sonnen, die so weit entfernt sind, dass sie auch in den größten Fernrohren Lichtpünktchen bleiben. Ein Planet dagegen ist uns viel näher. Er wirkt wie ein kleines Scheibchen, auch wenn wir das mit bloßen Augen nicht sehen können. Während ein kleiner Teilpunkt dieses Scheibchens gerade durch die Luftschwankung von seinem Platz „wegzittert", werden andere Teilpunkte genau dorthin „gezittert". Das gleicht sich insgesamt aus. So erscheint es unserem Auge, als würde der Planet ruhig leuchten.

Wo kann man auch tagsüber manchmal das Flimmern der Luft sehen?

Frage 3

Herschel war mit einem Schlag weltberühmt. Der König von England ernannte ihn zum Hofastronomen und seine Schwester zur Assistentin. Nun konnte er seinen Musikerberuf an den Nagel hängen – so genial wie Händel oder Mozart fühlte er sich in der Musik sowieso nicht. Auch Herschels Teleskope wurden weltberühmt. Er verkaufte viele für gutes Geld an Kaiser, Könige und wohlhabende Astronomen. Bald stand er als – mindestens – mehrfacher Millionär da, wenn wir seine Einnahmen in Euro umrechnen. Heute ist es wohl nicht mehr der beste Tipp, Astronom zu werden, wenn man Millionen scheffeln will!

Eigentlich hätte sich William zur Ruhe setzen können. Aber das passte nicht zu ihm. Er verbiss sich weiter in den dunklen Nachthimmel. Der musste noch viele Geheimnisse preisgeben. Zum Beispiel, dass Doppelsterne wirklich zwei Sterne sein können, die einander umkreisen und nicht einfach zufällig aus der Sicht unserer Erde – scheinbar – nebeneinanderstehen. Auch, dass unsere Milchstraße wie eine riesige Linse aussehen muss, fand er heraus.

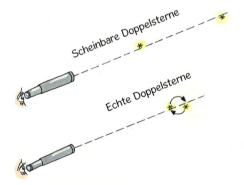

Riesenteleskope, ein neuer Planet und unsichtbare Strahlung

Ein einziges Mal, im Jahr 1788, beeindruckte William auch ein irdischer Stern. Da war er schon 50 Jahre alt. Der Stern war eine reiche junge Witwe, Mary Pitt, die er auch bald heiratete. Ein einziger Sohn wurde geboren, John, der ein fast so berühmter Astronom wie sein Vater werden sollte. Herschels Schwester Caroline blieb weiter seine astronomische Assistentin. Sie entdeckte auch selbstständig neue Kometen, verfasste Sternkataloge und war schließlich als Astronomin weithin angesehen. Sie bauten zusammen auch das damals größte Teleskop der Welt, mit einem Spiegel von mehr als 1,2 m Durchmesser. Aber so richtig praktisch war es nicht. Das Gerüst, in dem es stand, war etwa sechs Stockwerke hoch. Herschel musste weit hinaufklettern, um in das Teleskop schauen zu können. Auch war es mühselig zu bewegen. Doch es beeindruckte die Welt. Be-

Herschels Teleskop, das damals größte der Welt

Riesenteleskope, ein neuer Planet und unsichtbare Strahlung

vor es auf seinem Gerüst montiert wurde und noch am Boden lag, besichtigte es sogar der englische König, zusammen mit dem Erzbischof von Canterbury, dem Oberhaupt der englischen Kirche. Beide krochen tatsächlich durch das 1,2 Meter niedrige Rohr.

„Kommen Sie, Lord Bischof, ich will Ihnen den Weg zum Himmel zeigen!"

Herschels kleinere Fernrohre blieben seine „Arbeitspferde": Mit ihnen machte er fast alle seine Entdeckungen. Und wie schon gesagt, noch mit 61 Jahren entdeckte er Neues. Er untersuchte, mit welchen dunklen Farbgläsern man am besten in die gleißende Sonne schauen konnte. Das ist allerdings brandgefährlich! Durch die heiße Sonnenstrahlung kann so ein Glas zerspringen und man erblindet! Heute gibt es dunkle Spezialgläser für Teleskope. Seltsam, fand Herschel: Hinter einigen ganz dunklen Gläsern, durch die die Sonne nur noch sehr schwach schien, blieb es trotzdem warm. Andere, hellere, ließen zwar mehr Sonnenlicht hindurch, aber erstaunlicherweise kaum Wärme. Wahrscheinlich hätte das viele Astronomen nicht weiter interessiert. Aber Wissenschaft heißt, auch unerwartete Dinge weiter zu untersuchen. Besonders ungewöhnlich damals: Ein Astronom, der auf physikalische Fragen stieß, überließ es nicht seinen Physikerkollegen, sie zu beantworten.

Könnte es sein, fragte sich William, dass die besonderen Lichtstrahlen, die durch die dunklen Gläser hindurchge-

Wie viel Wärme lässt welches Farbglas durch?

Riesenteleskope, ein neuer Planet und unsichtbare Strahlung

hen, besser wärmen als die andersfarbigen bei den hellen Gläsern? Er ersann verschiedene raffinierte Experimente mit Thermometern. Tatsächlich, bei roten Strahlen, die durch ein Rotglas aus dem Sonnenlicht gefiltert auf sein Thermometer fielen, stieg es in zehn Minuten um mehr als 6 °C, bei grünen Strahlen durch ein Grünglas nur um etwa 3 °C, bei violetten sogar nur um 2 °C. Zwei Thermometer, die er unmittelbar neben die Farbgläser legte, auf die aber keine Sonnenstrahlen fielen, blieben kalt.

Wusstest du ...

Ein rotes Glas sieht deshalb rot aus, weil es aus dem weißen Sonnenlicht alle Strahlen bis auf Rot verschluckt, also nur diese durchlässt. Eine blaue Blume verschluckt alle Farben außer Blau. Nur diese Farbe wird in unsere Augen zurückgestrahlt.

Frage 4

An einem schönen Abend, kurz vor Sonnenuntergang, sehen wir von der Sonne bestrahlte rote oder gelbe Blumen viel kräftiger leuchten als blaue. Warum?

Klar, dachte er, rote Strahlen wärmen besser, vielleicht wie bei einem rot glühenden Ofen! Dann aber kam eine unerwartete Entdeckung. Herschel zerlegte das weiße Sonnenlicht durch ein Glasprisma in ein Farbenband, von Rot bis Violett. Er wollte die farbigen

Noch eine große Entdeckung: unsichtbare Strahlung der Sonne außerhalb der Farbe Rot

Riesenteleskope, ein neuer Planet und unsichtbare Strahlung

Strahlen der Sonne auch ohne verdunkelnde Gläser direkt testen. Langsam schob er das Farbenband immer näher an das Thermometer heran. Da, er traute seinen Augen nicht: Schon bevor die Farbe Rot das Thermometer erreichte, begann es zu steigen. Verwundert hielt er inne. Der Anfang des Farbenbands war noch etwas mehr als 1 cm vom Thermometer entfernt! Aber das stieg und stieg: in zehn Minuten um mehr als 6 °C, genauso stark wie vorher bei den roten Strahlen. Sorgfältig beobachtete er die anderen beiden Thermometer, die seitlich davon lagen. Keine Spur von Wärme bei ihnen! Konnte das sein?

Da gab es keine andere Antwort: Es musste Geisterstrahlen geben, die wir nicht sehen können, Wärmestrahlen, außerhalb des Farbenbands von Violett bis Rot. Sie liegen vor der Farbe Rot oder auch unterhalb von Rot – auf lateinisch *infra* rot. Infrarot – so heißen sie heute noch. Nicht nur die Sonne, jeder Ofen und jede elektrische Höhensonne sendet solche Strahlen aus, auch jeder Stern als Sonne, auch jeder Nebel und jede Staubwolke im Weltall. Ohne diese Strahlen wüssten wir heute noch nicht, dass ein riesiges Schwarzes Loch, etwas mehr als 4 Millionen Mal schwerer als unsere Sonne, im Herzen unserer Milchstraße versteckt ist (siehe Kapitel 12).

> Jedes Ding im Universum, das nicht −273 °C kalt ist, so kalt wie der absolute Nullpunkt der Temperatur, sendet Infrarotstrahlen aus. Das tut auch jeder Mensch mit seinen etwa 37 °C. Infrarotkameras in Nachtsichtgeräten können deshalb in der dunkelsten Nacht zum Beispiel Diebe, aber auch Tiere, deutlich erkennen.

Wusstest du ...

4. Der Geheimcode der Sterne

Joseph Fraunhofer, 1787–1826

Im Jahr 1801 stürzte mitten in München, zwischen Frauenkirche und Marienplatz, das Haus des Glasermeisters Weichselberger zusammen. Es begrub die Meisterin und den Lehrjungen des Glasers, den 14-jährigen Joseph Fraunhofer, unter seinen Trümmern. Das Geräusch schreckte alle Bürger der Umgebung auf, und als sich Staub und Lärm gelegt hatten, liefen zahlreiche hilfsbereite Passanten, Polizisten und natürlich Neugierige zusammen. Gab es noch etwas zu retten? Tatsächlich, einige hörten aus einer Ecke des Trümmerfeldes Klopfzeichen. Dort war offenbar ein Rest des Hauses stehen geblieben.

„Da lebt jemand!" – Die Nachricht machte in Windeseile die Runde. Sie wurde auch dem bayerischen Herzog Max Joseph in sein Schloss gemeldet. Er sah vielleicht die Chance, sich bei seinem Volk besonders beliebt zu machen, und kam an den schaurigen Unglücksort. Natürlich wurde von allen Helfern nun noch fester angepackt. Steine wurden beiseitegeräumt, Balken gehoben – allerdings vorsichtig, damit die Mauerecke nicht doch noch zusammenstürzte. Es dauerte mehrere Stunden, dann war es geschafft: Fast unverletzt zogen Helfer den jungen Lehrling Joseph aus den Trümmern – während die Meisterin in der Tat von den Steinen erschlagen worden war. Joseph hatte unglaubliches Glück gehabt. Heute kündet eine Bronzetafel an der

Der Geheimcode der Sterne

Die große Rettungsaktion in München

Stelle des Glaserhauses – nur 20 Meter vom Marienplatz im Zentrum entfernt – von dem Ereignis, das damals alle Münchner bewegte. Da sieht man den Landesvater, fast als rettender Gott erscheinend, wie er Joseph entgegennimmt. Keiner ahnte damals, dass dieser Lehrjunge, der noch nicht einmal eine Schule besucht hatte, einer der berühmtesten Fernrohrbauer und Wissenschaftler des 19. Jahrhunderts werden sollte. Er entdeckte ganz und gar Neues. Daraus entstand bald eine neue Wissenschaft, die Astrophysik. Die Atomphysik und auch die Industrie waren dafür dankbar (Erklärungen S. 145).

Fast 13 Jahre nach diesem für ihn so glücklich verlaufenen Unglück fand Joseph Fraunhofer, jetzt in Benediktbeuern bei München, geheimnisvolle schwarze Linien im Regenbogenband der Sonne – obwohl dieses Farbband eigentlich, für alle Welt damals und auch für uns heute, doch wunderbar *gleichmäßig*

42 Der Geheimcode der Sterne

bunt aussieht, von Rot über Gelb, Grün und Blau bis zum Violett. Solche Regenbogenfarben sehen wir auch, wenn Licht sich in glitzernden Kristallen, z. B. Diamanten, bricht. Das weiße Sonnenlicht wird dabei in alle Regenbogenfarben zerlegt.

Frage 5 Wo kannst du heute ganz einfach solche schönen Farbspiele sehen? Tipp: Es hat etwas mit Musikhören zu tun.

Als Erster hatte Isaac Newton (siehe Kapitel 2) mit dem eigentlich ganz schwerelosen Licht experimentiert. Vielleicht war das ein Ausgleich für die anstrengende Mathematik über Erde-, Mond- und Sonnenanziehung. Jedenfalls fand er heraus, dass sich weißes Sonnenlicht durch ein Glasprisma in die geheimnisvollen, schönen Farben des Regenbogens zerlegen lässt. Farbspektrum nannte er das, von *spectrum* (lateinisch) = Geistererscheinung.

Joseph Fraunhofer nun hatte etwa 150 Jahre später viel bessere Glasprismen und auch praktischere Fernrohre zur Beobachtung der Farben. Er war ein Meister der Glas- und Linsenherstellung. In Benediktbeuern bei München leitete er um 1813 eine Glasschmelze mit großen Schmelzöfen, Kränen und Kühlöfen. Kühlofen ist kein Schreibfehler! Das glühend geschmolzene und ganz gleichmäßig durchgerührte Glas musste sehr, sehr langsam abgekühlt werden, in Öfen, die ganz langsam ausbrannten, damit sich keine inneren Spannungen bildeten oder das Glas sogar zersprang. Fraunhofer zerschmolz damals Glasblöcke von etwa 250 kg Gewicht. Trotz aller Vorsicht konnte er höchstens ein Drittel des

So zerlegte schon Newton das Sonnenlicht in seine Regenbogenfarben.

Fraunhofers Glashütte mit dem großen Schmelzofen

ganzen Glasblocks brauchen, für die wirklich besten Glaslinsen der damaligen Zeit. Den Rest musste er wegwerfen. Aber vor seiner Zeit hatte man noch neun Zehntel wegwerfen müssen! Die größte Linse, die er damals aus so einem Glasblockrest schlug, schliff und polierte, hatte etwa 25 cm Durchmesser. Das erscheint uns mickrig – gibt es doch Spiegel in den größten modernen Teleskopen der Welt, die sogar mehr als 8 m Durchmesser haben! Linsen verwendet man heute bei großen Teleskopen nicht mehr. Glas wäre viel zu schwer, wenn man daraus Linsen von mehreren Metern Durchmesser machen wollte.

Fraunhofers Fernrohre waren damals die besten der Welt. Aber er hatte ein Problem: Ein Linsenfernrohr besteht ja aus mindestens zwei Linsen, dem Objektiv vorn und dem

Aus zwei Linsen zusammengesetztes Objektiv

Okular am hinteren Ende, das wir an unser Auge halten. Damals bestand das Objektiv schon aus zwei Linsen. Warum? Leider entwirft eine einzige Linse kein besonders scharfes Bild von einem Stern, weil sie dessen Licht, ein wenig wie ein Prisma, in seine Regenbogenfarben zerlegt. Das tun nicht nur schöne Kristalle, sondern überhaupt alle Glasstücke, wenn sie nicht gleichmäßig dick sind.

Nun hatten schlaue englische Glashandwerker schon ein paar Jahrzehnte vor Fraunhofer herausgefunden: Statt einer Linse im Objektiv musste man eben zwei Linsen nehmen, die aus unterschiedlichem Glas bestanden und auch unterschiedlich geschliffen wurden. Das Glas der einen Linse enthielt Blei. Das machte das Glas schwerer und das Licht wurde ganz anders, viel stärker, gebrochen als bei dem leichteren Glas. Wenn man diese beiden Linsen geschickt kombinierte, entstand ein Sternbild, wie es sein sollte, strahlend weiß und scharf – vorausgesetzt, der Stern strahlte so weiß wie etwa unsere Sonne. Es gibt natürlich auch andere Sternfarben: zum Beispiel die rötliche Beteigeuze im Sternbild Orion. Auch deren Bild wird durch so eine Linsenkombination schärfer.

Aber wie stark sollte das eine Glas brechen und um wie viel schwächer das andere? Und wie krumm musste die Linse geschliffen werden? Dazu misst man, um wie viel jedes Glas das Licht von seinem geraden Weg ablenkt oder wegbricht, wenn man es durch diese Gläser schickt. Das muss für jede Farbe aus dem Weiß des Sonnenlichts einzeln gemessen werden, denn jede Farbe wird unterschiedlich abgelenkt. Deshalb spaltet sich das schöne Weiß des Sonnenlichts in einzelne Farben auf. Die Physiker nennen das Brechungsindex und Farbaufspaltung. Wenn man diese zwei Zahlen genau kennt, kann man berechnen, wie die Linsen des Ob-

jektivs beschaffen sein müssen.
Doch nun kommt der Kern des
Problems: Weil sich die Farben
im Regenbogen so sachte und
gleichmäßig von Rot bis Violett verändern, gibt es keine
scharfe Grenze zwischen ihnen. Wie kann ich messen, wie
stark die Farbe Grün von einer
Glaslinse gebrochen wird, wenn
sie keinen ordentlichen Anfang
und kein genaues Ende hat? Gut,

In 200 m Entfernung war das Licht kaum noch zu sehen.

könnte man dann nicht genau die Mitte von Grün nehmen?
Aber wie findet man die Mitte, wenn Anfang und Ende der
Farbe unklar sind? Ungefähr geht das schon. So machte
man das vor Fraunhofer. Aber er wollte genauer messen.
Zunächst hatte er versucht, Lampenlicht, zum Beispiel Gelb,
durch Glasprismen weiter aufzufächern. Nach 200 Metern
Weg schimmerte dieses breit aufgefächerte Gelb schon unheimlich schwach. Aus diesem breiten Fächer wählte er
sich nochmals einen ganz schmalen Teil heraus, so etwa
aus dem Anfang der Farbe Gelb. Das alles ging natürlich
nur bei absoluter Dunkelheit, damit der schwache schmale
Lichtschein überhaupt noch zu sehen war. Dieser ganz
schmale Lichtstrahl war sozusagen seine Messmarke „Gelb".
Konnte man das nicht mit dem strahlend hellen Sonnenlicht probieren? Vielleicht gab es da hellere Messmarken?
Das versuchte Fraunhofer gegen 1813/1814. Er ließ das
weiße Licht durch eines seiner Glasprismen fallen, so wie
Newton und Herschel und viele andere das vor ihm
gemacht hatten. Doch Fraunhofers Glasprismen
waren erheblich besser als alle vor ihm, reiner und

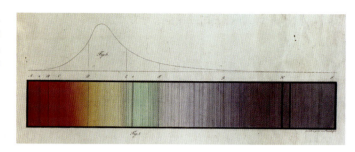

Die Sensation – schwarze Linien im Sonnenspektrum. D ist eine Doppellinie.

Jeder Stern sendet andere Linien aus.

auch besser geschliffen. Und mit seinem Instrument aus Prisma und Fernrohr konnte er viel feiner direkt beobachten als Newton. Newton hatte das zerlegte Sonnenlicht einfach prall auf eine Wand geworfen und mit bloßem Auge betrachtet.

Deshalb sah Fraunhofer plötzlich, völlig überrascht, überall im Farbenband schwarze Linien. Das ganze Sonnenlicht war „durchstrichelt", wie es bald darauf der Dichter Goethe empört nannte und ganz und gar unschön fand. Fraunhofer aber war entzückt. Er zählte über 500 Linien. Heute kennen wir sogar Zehntausende! Niemand vor Fraunhofer hatte so etwas gesehen. Diese Strichelei musste von der Sonne kommen. Schmutz in der Apparatur oder eine andere Störung konnte es nicht sein, das fand er schnell heraus.

Fraunhofer verglich auch wissenschaftlich geschickt das Licht von Planeten, wie Jupiter und Mars, und das von sehr hellen Fixsternen (zum Beispiel Sirius) mit dem Sonnenlicht. Das Licht der Fixsterne war natürlich fürchterlich schwach. Er konnte nur einige wenige schwarze Striche erkennen, aber auch hier waren sie vorhanden. Beim Planetenlicht waren Striche an denselben Stellen zwischen Rot und Violett wie bei der Sonne – was recht logisch ist, denn Planeten strahlen ja nur das Sonnenlicht zu uns zurück, sie leuchten nicht selbst. Aber bei den Fixsternen schienen die zwei oder drei schwarzen Linien, die er sehen konnte, an Stellen im Farbenband zu liegen, an denen er bei der Sonne keinerlei schwarze Linien finden konnte. Diese Linien mussten vielleicht so etwas wie ein Geheimcode jedes Sterns sein. Aber was verbarg sich hinter diesem Geheimcode?

Am Ende seines berühmten Aufsatzes von 1817 über die schwarzen Linien schrieb Fraunhofer sehr bescheiden, er habe keine Zeit, dieses spannende Problem weiter zu untersuchen, weil er für alle Welt Fernrohre konstruieren müsse. Leider gab es keinen Herzog, wie bei Galilei, der ihn zum Forschen freistellte, dafür allerdings auch niemanden, der ihn wegen Gotteslästerung anklagte.

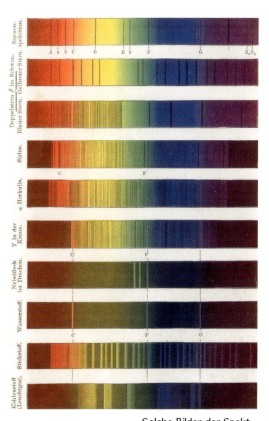

Solche Bilder der Spektren gab es erst lange nach Fraunhofer. Sterne zeigen dunkle Linien. Gasnebel im All oder glühende Stoffe auf der Erde zeigen helle Linien.

Nun gut, die schwarzen Linien hatten auch wenig mit Gotteslästerung zu tun. Was sie überhaupt waren, wusste kein Mensch. Immerhin, Fraunhofer hatte seine Messmarken für exakteste Berechnung von Fernrohrlinsen gefunden – 1.000-mal exakter als alles vor ihm.

Fraunhofer wollte vielleicht ein Weltklasse-Naturforscher werden. Genial genug war er. Doch er musste Objektive berechnen, Glasschmelzen kontrollieren, das Schleifen und Polieren überwachen. Immer mehr der berühmtesten Sternwarten wollten große Fernrohre von Fraunhofer/Utzschneider/Reichenbach haben – so hieß die Firma in

München-Benediktbeuern. Kein Wunder, dass Fraunhofer sich überarbeitete. Er fand keine Zeit zum Heiraten, keine Zeit zur Erholung und achtete nicht auf seine Gesundheit. Auch die giftigen Bleidämpfe in der Glashütte mögen ihm jahrelang zugesetzt haben. Noch vor seinem 39. Geburtstag erkrankte er schwer an einer der gefährlichsten Krankheiten des ganzen 19. Jahrhunderts, der Lungentuberkulose. Heute gibt es sie, Gott sei Dank, bei uns fast gar nicht mehr. Am 7. Juni 1826 starb er, viel zu jung noch – und allen wurde bewusst, dass es keinen Ersatz für den damals besten Fernrohrkonstrukteur der Welt gab.

Niemand in ganz Europa ahnte allerdings, dass die geheimnisvollen schwarzen Linien ihn bald noch viel berühmter machen sollten. Er selbst hätte vielleicht ihr Geheimnis nach einigen Jahren gelüftet, so hartnäckig wie er alle Probleme anging.

Nun dauerte es noch einmal 33 Jahre, bis ein deutscher Physiker, Gustav Robert Kirchhoff, und sein bester Freund, der Chemiker Robert Bunsen in Heidelberg, herausfanden: Dieses hässliche „durchstrichelte" Farbband, dieser Geheimcode der Sonne, verrät uns, aus welchen chemischen

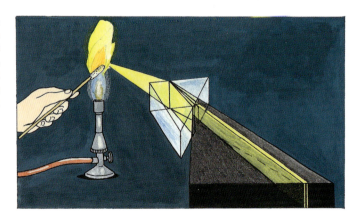

Die helle Doppellinie, die beim Verbrennen von Kochsalz entsteht, liegt genau dort, wo die dunkle Doppellinie D1/D2 im Sonnenspektrum liegt.

Der Geheimcode der Sterne

Elementen die Sonnenoberfläche besteht, wie viel es von jedem Element gibt und bei welchen Temperaturen. Auf anderen Sternen gibt es nicht die gleiche Verteilung von chemischen Elementen wie auf der Sonne. Deshalb zeigen sie andere dunkle Linien. Die schwarze Doppellinie im Gelb zum Beispiel gehört zu Natrium, das in jedem Kochsalz auf der Erde steckt. Zündet man Kochsalz an und betrachtet die Flamme durch ein Spektroskop – so nannte man bald die Instrumente mit Prisma und Fernrohr –, so sieht man diese Doppellinie wunderbar, allerdings umgekehrt, hellgelb leuchtend auf dunklem Hintergrund. Fraunhofer nannte die beiden eng beieinanderstehenden dunklen Linien in seinem Sonnenspektrum übrigens D1 und D2.

Sehr viele Linien zeigen an, dass es auch Eisen auf der Sonne gibt. Es gibt sogar schwarze Linien im Sonnenlicht, zu denen man kein Element auf der Erde fand, so viele Flammen man auch untersuchte. Sollte es das Element etwa nur auf der Sonne geben? Man nannte es Helium, Sonnenstoff. Erst gegen Ende des 19. Jahrhunderts fand man heraus, dass sehr wenig davon auch auf der Erde existiert. Heute kannst du damit deinen Luftballon in den Himmel steigen lassen. In den Sternen gibt es ungeheuer viel Helium. Es ist so etwas wie die Asche jedes brennenden Sterns, entstanden aus verbranntem Wasserstoff. 99 % der gesamten normalen Materie des Weltalls bestehen aus Wasserstoff und Helium.

Eine neue Wissenschaft war geboren. Man nannte sie Astrophysik. Niemand hatte zuvor geglaubt, dass Fraunhofers Entdeckung tatsächlich erlauben würde, jedenfalls im Prinzip, Sterne auf den Labortisch zu legen und physikalisch und chemisch zu untersuchen.

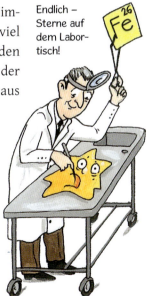

Endlich – Sterne auf dem Labortisch!

5. Verrät die Farbe, wie schnell ein Stern ist?

Christian Doppler, 1803–1853

Was hat Farbe mit Geschwindigkeit zu tun? Ein Auto bleibt doch rot, ob es steht, langsam fährt oder mit 200 Sachen über die Autobahn braust. Und ein Flugzeug? Es bleibt auch grau oder silbern, wie es ist. Und eine Rakete? Auch die ändert ihre Farbe nicht. Erst in der Nähe der Lichtgeschwindigkeit von 300.000 km/s wird das anders. Doch solche Geschwindigkeiten erreicht keine Rakete, wir katapultieren sie von unserer Erde mit Mühe und Not und vielleicht 20 km/s weg. Aber vielleicht können Sterne, ferne Sonnen also, so schnell werden?

Genau das war im Jahr 1842 die Idee eines Physikprofessors, Christian Doppler, an der Technischen Hochschule Prag. Er schrieb einen Aufsatz: *Über das farbige Licht der Doppelsterne und einiger anderer Gestirne des Himmels.* Darin standen so unglaubliche Dinge, dass viele Astronomen sich weigerten, darüber überhaupt zu diskutieren. Einige nahmen sich wenigstens Zeit, die ungeheuerlichen Behauptungen dieses Physikers, der offenbar keine Ahnung von Astronomie hatte, haarklein zu widerlegen. Nur ganz wenige fingen an, mit kühlem Kopf darüber nachzudenken.

Christians Vater war Steinmetz in Salzburg gewesen. Der Junge schlug also ganz und gar aus der Art. Mathematik war seine besondere Leidenschaft. Und als sein Lehrer an die Technische Hochschule Wien berufen wurde – das war

Verrät die Farbe, wie schnell ein Stern ist?

damals noch möglich: vom Gymnasiallehrer zum Universitätsdozenten – nahm er seinen besten Schüler mit. Als Christian mit seinem Mathematikstudium fertig war, fand er keine Stelle. Was blieb ihm übrig? Nach Amerika wollte er auswandern, wie viele andere junge Leute ohne Zukunft damals! Wer weiß, was dort aus ihm geworden wäre. Plötzlich bekam er doch einen Job – als Mathematiklehrer an einer technischen Schule in Prag. Das heutige Tschechien gehörte damals zu Österreich. Erst 1841, da war Doppler schon bald 40 Jahre alt, wurde er Professor an der Universität Prag – nicht gerade eine Schmiede für geniale Wissenschaftler damals, schon gar nicht für astronomische Forschung.

Doch Doppler behauptete von hier aus: Sterne werden rot, wenn sie sich von uns wegbewegen, und blau/violett, wenn sie auf uns zurasen. Vorausgesetzt, sie rasen mit Riesengeschwindigkeit, nahe der Lichtgeschwindigkeit, herum. Bei Doppelsternen, von denen der eine sehr groß und der andere sehr klein ist, sollte das besonders auffallen. Der große bleibt, wie unsere Sonne gegenüber den kleinen Planeten, relativ ruhig stehen, während der kleine ihn umkurvt. Große Sterne bei solchen Doppelsonnen – davon gibt es ungeheuer viele in unserer Milchstraße – sollten also laut Doppler schön weiß bleiben, kleine dagegen müssten röter aussehen, wenn sie auf ihrer Bahn um den großen

Werden Sterne rot, wenn sie von uns wegrasen, und blau, wenn sie auf uns zukommen?

ein Stück von uns wegeilen. Und sie sollten sich blau-violett verfärben, wenn sie nach einem halben Umschwung ein Stück auf uns zukommen.

Tatsächlich beschrieben Astronomen auch farbige Doppelsterne. Doppler glaubte, das würde seine Theorie beweisen. Dann müssten diese Sterne in der Tat mit riesigen Geschwindigkeiten um die größere Sonne rasen. Wenn solch ein Stern 136.000 km/s schnell von uns wegschösse, sollte seine Farbe nicht nur ins Rot, sondern sogar ins Infrarot, das heißt zur Wärmestrahlung, verschoben sein. Er sollte damit für uns unsichtbar werden.

Das alles verteidigte Doppler eisern gegen sämtliche Angriffe seiner astronomischen Gegner. Zwar glaubten manche durchaus, dass Sterne so rasend schnell sein können. Doch schaute man sich das Licht der Doppelsterne genauer an, konnte man keine Farbveränderungen feststellen. Und unsichtbar wurde schon gar keiner. Heute wissen wir: Nur Milliarden Lichtjahre entfernte Galaxien, sichtbar als sogenannte Quasare, schießen tatsächlich mit 10.000 bis weit über 100.000 km/s von uns weg. Die konnte man mit den damaligen Fernrohren noch gar nicht sehen. Einzelne Sterne in unserer Milchstraße sind bei Weitem nicht so schnell.

Kann ein Stern unsichtbar werden?

Andererseits hatte Christian Doppler sehr vernünftig überlegt. Das leuchtete jedem Physiker ein – aber eben nicht den Astronomen. Doppler erklärte das auch ganz anschaulich: Wenn ein Dampfschiff schnell gegen die Wellen auf dem Meer anfährt, kommen scheinbar mehr Wellen dichter nacheinander auf den Bug zu, als wenn es von den Wellen wegfährt. Dann müssen die Wellen dem Schiff mit scheinbar größeren Abständen nacheilen. Wellenberge dichter hintereinander heißt in der Physik „höhere Fre-

Verrät die Farbe, wie schnell ein Stern ist?

quenz". Das heißt: Mehr Wellenberge pro Minute prasseln auf den Schiffsbug. Man kann auch sagen: Der Abstand zwischen zwei Wellenbergen, die sogenannte Wellenlänge, scheint kleiner geworden zu sein. Und höhere Frequenz = kleinere Wellenlänge bei den Lichtwellen entspricht in der Tat einer Verschiebung der Farbe zu Blau-Violett.

Schall ist doch auch eine Welle. Gibt es da ebenfalls Verschiebungen? Ja, sagte Doppler. Hohe Frequenzen, zum Beispiel 16.000 Schwingungen der Luft pro Sekunde, ergeben einen ganz hohen Ton. Den können ältere Leute schon gar nicht mehr hören! Niedrigere Frequenzen, wie 20 Schwingungen pro Sekunde, ergeben einen ganz tiefen Ton. Das sind die tiefsten Orgeltöne! Wenn wir auf so eine Orgel zurasen würden, mit ein paar 100 km/h, nicht viel langsamer als die Geschwindigkeit der Schallwellen von rund 1.200 km/h, müsste also der Ton ... höher oder tiefer werden? Höher natürlich, das entspricht ja dem Schiff, das auf die Wellen zufährt. Das Gleiche gilt, wenn wir stehen, aber die Orgel auf uns zurast.

Mit einer Orgel kann man natürlich keine solchen Experimente machen. Und ein paar 100 km/h waren damals auch noch nicht drin, ohne Flugzeuge und Raketen. Aber Doppler rechnete aus,

Wenn ein Schiff schnell gegen ankommende Wellen fährt, scheinen sie enger aufeinanderzufolgen.

Eine Orgel, die mit 600 km/h auf uns zurast, würde eine Oktave höher klingen.

dass man schon bei einer geringeren Geschwindigkeit merken müsste, dass sich ein Ton verändert, so um etwas weniger als eine ganze Tonhöhe. Solche Geschwindigkeiten gab es bei der gerade aufkommenden Eisenbahn! Tatsächlich hat ein holländischer Physiker drei Jahre nach dem Erscheinen von Dopplers Aufsatz Experimente dazu gemacht. Ein Trompeter blies aus Leibeskräften einen einzigen Ton, auf einem offenen Eisenbahnwagen stehend, mit dem eine Lokomotive dahinraste. Am Bahndamm stand ein zuhörender Musiker. Ihm schien der Trompetenton tatsächlich höher, als wenn jemand am Bahndamm den gleichen Ton blies. Dieser Ton am Bahndamm dagegen schien einem zuhörenden Musiker im rasenden Eisenbahnwagen höher zu sein.

Das war doch der Beweis! Doppler hatte recht. Heute kannst du das übrigens oft hören, wenn zum Beispiel ein Krankenwagen mit Martinshorn auf dich zufährt. Da geht der Ton hoch. Und wenn der Wagen an dir vorbei ist und sich entfernt, wird der Ton tiefer. Auch bei Übertragungen von Autorennen im Fernsehen oder Rundfunk fällt das mitunter auf. Musiker in offenen Eisenbahnwagen sind heute wohl seltener vor das Ohr zu bekommen.

Frage 6

Der Kammerton a in der Musik hat eine Frequenz von 440 Hertz. Das heißt, die Luft schwingt 440-mal pro Sekunde vor deinem Ohr hin und her. Wie schnell schwingt sie eine Oktave höher?

Also hatte Doppler recht. Und er hatte gleichzeitig unrecht. Die Astronomen fanden keine Farbveränderungen bei Sternen. Warum? Das erklären wir auf Seite 146.

Doch Doppler deshalb ganz für verrückt zu erklären, war auch nicht weise, wie sich bald zeigte. 1853 starb er an der gleichen tückischen Krankheit wie Joseph Fraunhofer vor ihm, an der Lungentuberkulose. Er konnte nicht mehr erleben, wie ein paar Jahre später entdeckt wurde, dass die dunklen Linien in den Farben der Sterne (siehe Kapitel 4) verraten, was es alles auf diesen fernen Himmelskörpern gibt: Wasserstoff, Helium, Natrium, Eisen. Vielleicht hätte er dann selbst die Idee gehabt: Falls die Farbe eines schnellen Sterns sich verschiebt, müssten sich doch auch diese dunklen Linien im Farbenband verschieben.

Warum? Solch eine dunkle Linie hat eine ganz bestimmte Wellenlänge oder Frequenz, wie der Ton einer Trompete beim Schall. Wenn der Stern auf uns zukommt, müssen also laut Doppler alle „Töne" eines Sterns, das heißt also alle dunklen Linien, ein Stück zu höherer Frequenz, d. h. zu Violett verschoben sein, und wenn er von uns wegeilt zu Rot. Fraunhofers schwarze Doppellinie D1/D2 – die kann man gut von anderen einzelnen Linien unterscheiden –

So verschieben sich dunkle Fraunhoferlinien im Sternenlicht.

müsste also dann von Gelb, wo wir sie in der Sonnenmitte finden, ein Stück ins Rot wandern. Die Sonne liefert mit ihrem Farbenband einen guten Vergleich, denn sie bewegt sich weder zu uns her noch von uns fort. Wir kreisen mit der Erde ungefähr in immer gleichem Abstand um sie herum. Wenn wir also bei Sternen die D1/D2-Linie im Roten anstatt im Gelben finden, heißt das, aha, der Stern bewegt sich von uns weg, und zwar umso schneller, je weiter sie im Roten liegt. Alle Linien selbst jedoch geben immer die chemischen Elemente auf diesen Sternen an, ganz egal, wohin sie gerade verschoben wurden. Natürlich muss man to. die Untersuchung Linien auswählen, die auch nach ihrer Verschiebung noch deutlich von vielen anderen unterscheidbar sind.

Zunächst untersuchte man die sich drehenden Ränder unserer Sonne. Weil die Sonne sich in 25 Tagen um sich selbst dreht, rast der eine Rand mit einer Geschwindigkeit von über 7.000 km/h auf uns zu, der andere ebenso schnell von uns weg. Folglich müssen die dunklen Fraunhoferlinien dieses Randes ein Stückchen nach Rot verschoben sein, die Linien des anderen Randes ein Stückchen nach Violett.

Um 1880 waren Fotoplatten so empfindlich geworden, dass sie nun auch schwache Himmelslichter, wie sie das Spektroskop von den schmalen Farbbändern der Sonne zeigt, „schwarz auf weiß" festhalten konnten. Man bekam heraus: Die Linien aus diesen Sonnenrändern waren tatsächlich verschoben. Das war der erste astronomische Beweis für Doppler. Dann fand man auch bei echten Nebeln im Weltall, also keinen Galaxien, sondern leuch-

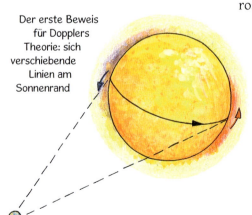

Der erste Beweis für Dopplers Theorie: sich verschiebende Linien am Sonnenrand

tenden Gasnebeln, dass Linien im Farbspektrum etwas verschoben waren. Hier sind es keine dunklen, sondern hell leuchtende Linien.

Entscheidend bei alldem ist: Die Linien, die wir von Lichtquellen auf unserer Erde oder von der Sonnenmitte messen, von allem also, was sich nicht von uns weg- oder auf uns zubewegt, nehmen wir als Vergleich.

Man hatte also zum ersten Mal Geschwindigkeitskontrollen im Weltall durchgeführt! Auf unseren irdischen Straßen ist das Alltag geworden. Allerdings benutzt die Polizei Mikrowellen, die sie auf ein Auto schießt. Die Wellen werden vom fahrenden Auto zurückgeworfen und ihre Frequenz verändert sich genauso, wie Doppler das berechnet hatte. Da reichen 80 statt 60 km/h aus und schon gibt es einen Strafzettel.

Geschwindigkeiten von ganz fernen Sternen, Nebeln oder Galaxien einfach durch Verschiebung der dunklen oder hellen Linien in ihren Farbbändern zu ermitteln, war grandios. Wer hätte daran vor Fraunhofer 1814, Doppler 1842 und Kirchhoff/Bunsen 1859 geglaubt! Die alten Astronomen verstanden die Welt nicht mehr. Nun mussten sie auch noch Physik lernen!

Wie gesagt, man kann mit Dopplers Prinzip Geschwindigkeiten im All nur von uns weg oder auf uns zu messen. Aber davon gibt es ja genügend. Man fand sogar bei manchen Sternen doppelte Linien, zum Beispiel beim Stern Mizar. Du kannst ihn leicht am Himmel finden. Es ist der zweite Deichselstern des großen Wagens. Im Fernrohr zeigt er sich als Doppelstern. Doch jeder der beiden Sterne dieses Doppelsternsystems ist selbst wieder ein Doppelstern. Das können wir nicht direkt sehen, nicht einmal mit den besten Fernrohren, so eng stehen diese Sterne zusammen. Doch fanden die Astronomen schon vor mehr als 100 Jahren heraus: Es gibt da dunkle Linien, die regelmäßig doppelt, dann wieder einfach zu sehen sind. Wie ist das zu erklären? Ganz einfach! Diese Linien haben beide Sterne gemeinsam. Wenn nun die eine Sonne auf uns zukommt und die andere gerade wegeilt, ist jede Linie doppelt verhanden, die eine ein Stück nach Rot verschoben, die andere nach Violett. Wenn die zwei Sonnen gerade hintereinanderstehen, bewegen sie sich waagrecht an uns vorbei. Die getrennten Linien fallen wieder zusammen. Denn dann gibt es keine Dopplerverschiebung.

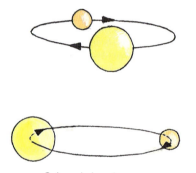

Bei zwei einander umkreisenden Sonnen verschieben sich die Fraunhoferlinien ein Stückchen.

Man konnte also plötzlich Doppelsterne, sogar Mehrfachsterne entdecken, die selbst in den besten Fernrohren wie ein einziger Stern aussehen, weil ihre Sonnen sehr dicht beieinanderstehen oder eine Sonne sehr lichtschwach ist.

Und bald entdeckte man sogar, dass (fast) alle Milchstraßen im Universum auseinanderrasen (siehe Kapitel 9). Das ganze Weltbild der Astronomie wurde noch einmal über den Haufen geworfen. Und eine besonders faszinierende Entdeckung waren die geheimnisvollen Quasare, in denen die schwarzen Fraunhoferlinien so ungeheuer weit verschoben sind, dass die Astronomen zunächst gar nicht glaubten, dass das irgendwelche bekannten Linien waren (siehe auch S. 107 und 149).

Seit dem Ende des 20. Jh.s entdeckt man mit Dopplers Prinzip auch Planeten um ferne Sonnen. Sonnensysteme stehen nicht einfach still im Weltall. Sie bewegen sich – mit ihren Planeten – um das Zentrum der Milchstraße. Aber gleichzeitig torkelt eine solche Sonne auch ein wenig auf diesem Weg herum. Nicht nur die Sonne treibt nämlich ihre Planeten an, auch diese setzen ihre Sonne ein wenig in Trab. Eigentlich müsste man sagen, Planetensonnen eiern ein wenig um einen Punkt herum, der in ihrem eigenen Inneren liegen kann. Man nennt ihn den Schwerpunkt des gesamten Systems aus Sonne und Planeten. Dieses Herumeiern einer Sonne verschiebt auch ihre dunklen Linien ein wenig und beweist, da jagen Planeten um sie herum, die sie ein bisschen aus ihrem Gleichgewicht bringen. Das lässt sich sogar berechnen.

Planeten bringen ihre Sonne zum „Eiern".

Bis heute hat man schon über 3000 ferne Planeten entdeckt, ohne sie direkt selbst in den größten Fernrohren sehen zu können. Denn ihre Sonne ist zu hell. Planeten senden ja nur das Licht ihrer eigenen Sonne, das sie schwach zurückwerfen, in das umgebende Weltall. Auch unsere Planeten könnte man aus riesigen Entfernungen neben unserer gleißenden Sonne nicht sehen, so scheinbar dicht und schwach leuchtend laufen sie um sie herum.

Ein paar ganz große Planeten um ferne Sonnen hat man allerdings schon direkt im Fernrohr entdeckt. Viele der über 3000 hat man übrigens mit anderen Tricks gefunden, insbesondere, weil ein vor seiner Sonne vorbei ziehender Planet deren Licht ein klein wenig verdunkelt. Dopplers Prinzip allerdings ist aus der Astronomie nicht mehr wegzudenken. Ohne ihn wüssten wir fast nichts über die allermeisten Geschwindigkeiten im Kosmos.

6. Wie groß ist das Weltall?

"Die Erde steht still!"

"Die Erde bewegt sich!"

Nehmen wir einmal an, der griechische Astronom Ptolemaios, der noch glaubte, dass die Erde im Zentrum der Welt steht, und der deutsch-polnische Astronom Nikolaus Kopernikus, der etwa 1.400 Jahre später lebte und der die Sonne ins Zentrum aller Planetenbahnen rückte, hätten miteinander pro und kontra diskutiert über ihre beiden Weltsysteme und über die Entfernung der Sterne von der Erde.

Lassen wir Ptolemaios beginnen: *„Ihre Behauptung, Herr Kopernikus, dass die Erde um die Sonne kreist, kann auf keinen Fall stimmen. Denn dann müsste sich diese Bewegung in den Fixsternen spiegeln. Sie müssten sich am Himmel Jahr für Jahr hin und her verschieben, im Rhythmus der Erdbewegung. Halten Sie Ihren Finger etwa 10 cm vor Ihr Gesicht und kneifen Sie einmal das linke, dann das rechte Auge zu. Was macht der Finger? Er springt scheinbar hin und her, vor dem Hintergrund etwa einer Bücherwand in Ihrem Zimmer. Das eine Auge ist die Stellung der Erde im Sommer – falls sie sich überhaupt um die Sonne bewegt –, das andere Auge entspricht der Stellung im Winter. So müsste auch ein Stern ‚hin- und herspringen', wenn ich ihn einmal im Sommer und dann im Winter beobachte. Das heißt, ich müsste mein Beobachtungsinstrument im Sommer ein wenig anders ausrichten als im Winter, um ein*

Wie groß ist das Weltall?

Der Finger springt hin und her, wenn man abwechselnd ein Auge zukneift.

und denselben Stern zu finden. Das brauche ich aber nicht. Die Sterne springen überhaupt nicht. Ihre Vorstellung, Herr Kopernikus, ist falsch – die Erde steht unbeweglich im Zentrum der Welt."

Doch Kopernikus weiß zu antworten:
„Lieber Herr Ptolemaios! Halten Sie doch Ihren Finger möglichst weit weg vom Gesicht, so etwa 50 cm, und kneifen wieder abwechselnd ein Auge zu. Was macht er? Er springt viel weniger stark hin und her. Nun stellen Sie sich vor, Ihr Finger wäre 10 m oder gar 1.000 m entfernt. Dann springt er fast gar nicht mehr. Die Sterne sind eben so ungeheuer weit weg von uns, dass wir das Hin- und Herspringen nicht sehen können, obwohl sich die Erde bewegt."

Ein naher Stern springt scheinbar hin und her, wenn wir ihn einmal im Winter, dann im Sommer betrachten.

Was könnte Ptolemaios noch entgegnen? Oh, schon einiges:
„Lieber Herr Kopernikus, meine, zugegeben einfachen, Instrumente sind immerhin so genau, dass ich Sterne hin- und herspringen sehen könnte, die fast 700-mal weiter von der Son-

ne entfernt wären als unsere Erde. Das aber ist unglaublich. Das Weltall ist nur etwa 18-mal größer als die Entfernung Erde – Sonne. Das weiß ich. Schon das ist eine riesige Entfernung. Und wenn wir darin keine Fixsterne springen sehen, heißt das: Die Erde steht still."

Kopernikus glaubte natürlich, dass das Weltall viel größer sei als 18-mal die Entfernung Erde – Sonne. Doch keiner von beiden konnte wirklich messen, wie weit die Fixsterne entfernt sind. Wenn wir nun Herrn Ptolemaios gesagt hätten, selbst der uns allernächste Fixstern, Proxima Centauri, sei schon fast 300.000-mal weiter von uns weg als die Sonne, hätte er uns für verrückt erklärt. Und auch Kopernikus hätte wohl nicht an eine solch riesige Entfernung geglaubt.

Friedrich Wilhelm Bessel, 1784–1846

Wie kann man die Entfernung zu einem fernen Stern messen? Man müsste viel genauere Instrumente haben als Ptolemaios, so genau, dass man auf mindestens 34 km Entfernung sehen könnte, ob ein Finger hin- und herspringt. Solche Instrumente gab es erst im Jahr 1838, lange nach Kopernikus und Ptolemaios. Der Astronom Friedrich Wilhelm Bessel, der, mit einem Fernrohr von Fraunhofer, so genau messen konnte, sah als erster einen Stern „hin- und herspringen", in der Winterstellung der Erde also woanders am Himmel stehen als in der Sommerstellung. Jetzt hätte sogar Ptolemaios glauben müssen, dass die Erde sich bewegt.

Um 1838 zweifelte allerdings keiner mehr daran, dass die große schwere Sonne im Zentrum unseres Planetensystems steht und alle Planeten sich um sie bewegen. So wichtig war es also nicht mehr, nun endgültig zu beweisen, dass die Erde sich bewegt. Doch etwas anderes war sensationell. Alle Astronomen seit Kopernikus hatten vergeblich versucht,

Wie groß ist das Weltall?

die Entfernung der Sterne von der Erde herauszubekommen. Aus dem von Bessel entdeckten Hin- und Herspringen eines Fixsterns konnte man nun sofort ausrechnen, wie weit er entfernt war. Wie ging das?

Zunächst hatte Bessel einen Erfolg versprechenden Stern für seine Messungen unter den Abertausenden am Himmel finden müssen. Wie findet man einen Stern, der nicht so fürchterlich weit weg sein darf, wenn man noch gar nicht weiß, wie weit die Sterne überhaupt entfernt sind? Bessel suchte einen Stern, der sich deutlich am Himmel bewegte. Von den etwa 3.000 Sternen, die die Astronomen damals genau beobachtet hatten, bewegten sich nur etwa 70 um mehr als ein siebentausendstel Grad – pro Jahr! Und nur einen einzigen kannte er, der sich sogar um ein siebenhundertstel Grad bewegte – leider ein recht kleiner. Er war nur im Fernrohr sichtbar: 61 Cygni, der Stern Nummer 61 im schönen Sommersternbild Schwan.

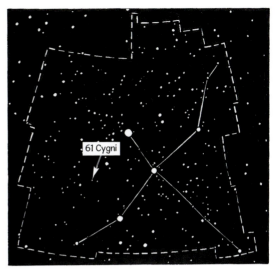

Das Sternbild Schwan und der Stern 61 Cygni

> Der Winkel ein Grad ist ein Dreihundertsechzigstel eines ganzen Kreises. Das kann man schon kaum auf einer Buchseite zeichnen. Ein Siebenhundertstel davon ist nochmals viel kleiner. Auf einem Kreis von mehr als 80 m Durchmesser würde sich der Stern in einem Jahr nur einen Millimeter weiterbewegen.

Wusstest du ...

Natürlich war diese Bewegung nicht die gesuchte gespiegelte Erdbewegung, von der Ptolemaios sprach. Der Stern sprang nicht wie unser Finger im Laufe eines Jahres um ein siebenhundertstel Grad nach links oder rechts. Er bewegte sich nur gleichmäßig in eine Richtung, unabhängig davon, wo die Erde stand. Was war dann diese ein siebenhundertstel Grad Bewegung? Bessel wusste es nicht. Sehr wahrscheinlich war es eine eigene Bewegung dieser fernen Sonne.

Auf jeden Fall, je mehr Bewegung eines Sterns wir am Himmel sehen können, desto näher wird er uns wahrscheinlich sein. Wenn er sehr, sehr weit weg ist, kann er ziemlich ausgiebig in unserer Milchstraße herumkurven, aber wir merken nichts davon. Wenn ein Käfer vor unseren Augen einen Zentimeter weiterkrabbelt, sehen wir das sofort. Wenn er an der 20 m entfernten Hauswand unseres Nachbarn einen Zentimeter herumkriecht, merken wir fast gar nichts. Große Eigenbewegung eines Sterns = sehr nahe, gar keine Eigenbewegung = sehr fern, das gilt natürlich nicht exakt. Vielleicht bewegt sich ein naher Stern einfach zu wenig, als dass wir es sehen könnten. Aber wenn man nichts Genaueres über die Entfernung in der Hand hat, geben diese Eigenbewegungen am Himmel wenigstens einen ungefähren Anhaltspunkt.

Das also war die erste Idee von Bessel. Die zweite war, zwei Vergleichssterne a und b zu untersuchen, die scheinbar stillstanden, also wahrscheinlich weit entfernt von uns waren. Sie standen links und rechts von 61 Cygni. So ähnlich könnten wir für unsere Finger-Spring-Messung an einer Wand dahinter zwei Nägel wählen, die links und

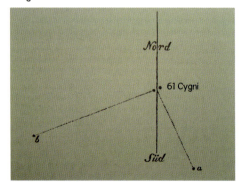

So zeichnete Bessel 61 Cygni und die Vergleichssterne a und b.

rechts von unserem Finger fest in der Wand stecken. 61 Cygni ist übrigens kein Einzelstern – er besteht aus zwei Sonnen, die einander umkreisen.

Und hier wird nun das Fernrohr Fraunhofers wichtig. Joseph Fraunhofer aus Benediktbeuern bei München hatte ja damals die weltbesten Fernrohre hergestellt (siehe Kapitel 4). Erst drei

So sah Bessels zerschnittenes Objektiv aus.

Jahre nach seinem Tod, 1829, wurde bei Bessel in Königsberg im damaligen Ostpreußen ein Fernrohr aufgestellt, das er noch berechnet und konstruiert hatte. Das Objektiv, die Linsenkombination vorne also, durch die das Sternenlicht einfiel, hatte einen Durchmesser von 20 cm. Das Besondere daran war: Diese Kombination aus zwei Linsen war in der Mitte durchgeschnitten. Die zwei Hälften konnte man unabhängig voneinander verschieben. Dann sieht man von einem Stern zwei Bilder, wenn man durch das Okular am anderen Ende des Fernrohres blickt. Nur wenn die zwei Hälften so genau zusammengeschoben werden, dass sie wieder wie eine einzige Glaslinse wirken, sieht man, wie in einem normalen Fernrohr, ein einziges Bild des Sterns.

Wozu brauchte Bessel solch ein zerschnittenes Objektiv? Er richtete sein Fernrohr auf diesen Doppelstern 61 Cygni, genauer, auf den Punkt zwischen den beiden Sternchen. Nun verschob er die eine Hälfte des zerschnittenen Objektivs, bis das Bild vom Vergleichsstern a genau in die Mitte zwischen den beiden Sternchen von 61 Cygni wanderte.

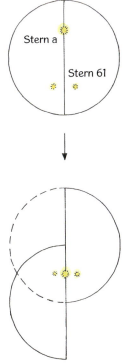

Wenn man die beiden Hälften verschiebt, wandert das Bild von Stern a zum Stern 61.

Diese Verschiebung gab ihm den Winkelabstand zwischen Vergleichsstern a und 61 Cygni. Das tat er auch – zur Kontrolle – mit Stern b. Vom 16. August 1837 bis zum 2. Oktober 1838 maß er so 85 Winkelabstände zu Stern a und 98 Winkelabstände zu Stern b.

Wusstest du …

Der Winkelabstand zweier Sterne ist der Winkel, um den man ein Fernrohr – oder ein Messinstrument daran – drehen muss, um von einem Stern zum anderen zu schwenken.

Jeden dieser Winkelabstände maß er 16-mal in einer Nacht, in möglichst allen klaren Nächten, in denen 61 Cygni am Nachthimmel in Königsberg stand. Das war ganz schön anstrengend – und kalt im Winter. Bessel saß im Mantel in der offenen Sternwartenkuppel und fror, stundenlang.

Doch das Ergebnis hat ihn wohl aufgewärmt. Der Stern verschob sich gegenüber seinen Vergleichssternen a und b so, wie er das erhofft hatte. Wenn er die Eigenbewegung von ein siebenhundertstel Grad von seinen Messwerten abzog, blieb in der Tat ein Hin- und Herpendeln des Sterns um sage und schreibe ein sechstausendstel Grad im Rhythmus eines Jahres übrig. Man nennt diesen Pendelwinkel „Parallaxe", von griechisch: parallage = Veränderung. Da es ja wohl ganz unwahrscheinlich ist, dass sich dieser Stern selbst, so weit weg von der Erde, genau wie die Erde hin und her bewegt, musste dieses Hin- und Herpendeln eine Täuschung sein, eine Täuschung, die uns unsere eigene Erdbewegung vorgaukelt – so wie das Zukneifen des linken und rechten Auges uns vorgaukelt, dass ein Finger davor nach links oder rechts springt.

Damit war also endgültig bewiesen: Die Erde bewegt sich um die Sonne im Lauf eines Jahres. Aber viel wichtiger war: In diesen winzigen ein sechstausendstel Grad steckte die erste gemessene Entfernung eines Sterns. Bessel kalkulierte zunächst seine Fehler genau. Etwas mehr als 6% konnte dieses ein sechstausendstel Grad größer oder kleiner sein. Andere Werte waren sehr unwahrscheinlich. Hut ab, kann man nur sagen, unser moderner Wert ist nahe dran. Das war eine Supermessung für 1838. Ein Schlenker nur noch, die Entfernung zur Erde auszurechnen. Sie musste zwischen zehn und elf Lichtjahren liegen. Das sind etwa 100 Billionen km! Fast unvorstellbar! Wie man diese Entfernung berechnet, erfährst du auf Seite 142.

> Ein Lichtjahr ist keine Zeiteinheit, sondern eine Entfernung. Die legt das Licht mit seiner Supergeschwindigkeit von 300.000 km/s in einem Jahr zurück. Das sind ungefähr 9,5 Billionen Kilometer.
> Wie groß ist die Entfernung eine Lichtsekunde?

Wusstest du ...

Frage 7

Damals fuhren gerade erste Dampfeisenbahnen über das Land, mit der sagenhaften Geschwindigkeit von knapp 60 km/h. Sie müssten, so rechnete Bessel aus, 200 Millionen Jahre fahren, um 61 Cygni zu erreichen. Wir können hinzufügen: Selbst heutige Weltraumsonden wie Pioneer 10, die seit mehr als 30 Jahren durch das Weltall rast, würden Tausende bis Zehntausende von Jahren brauchen. Und 61 Cygni ist einer

der allernächsten Sterne! Der Stern Proxima Centauri am Südhimmel der Erde ist der uns allerallernächste, knapp 4,5 Lichtjahre entfernt. Das bekam man kurz nach Bessel heraus. Dazwischen gibt es keine näheren Sterne, nur die gähnende Leere des Weltalls.

Mit der Methode dieser „Fixsternparallaxe" kann man heute etwa 300 Lichtjahre weit messen, bald vielleicht noch weiter. Aber schließlich wird das winzige Hin- und Herspringen der Sterne so superwinzig, dass nichts mehr zu sehen ist. Doch von einem Ende unserer Milchstraße zum anderen sind es schon mehr als 100.000 Lichtjahre. Und die nächste Milchstraße, der Andromedanebel, ist sogar mehr als zwei Millionen Lichtjahre entfernt.

Woher wissen wir Menschen das? Eine amerikanische Astronomin, Henrietta Swan Leavitt, hat 1912 eine weitere raffinierte Methode entdeckt, um riesige Entfernungen zu messen. In ihrer Jugend war sie schwer krank gewesen und deshalb fast taub – vielleicht ein Grund, warum sie ihr ganzes Leben der Astronomie widmete. Das Weltall war still, aber so ungeheuer faszinierend leuchtend.

Henrietta Swan Leavitt, 1868–1921

Sie interessierte sich für eine seltsame Art von Sternen. Sie leuchten nicht konstant, sondern werden schnell heller, dann langsam dunkler, dann wieder schnell hell usw., immer im gleichen Rhythmus. Man nennt diese pulsierenden Sterne Cepheiden, nach dem allerersten dieser Art, Delta Cephei, der schon 1784 entdeckt wurde.

Was Leavitt herausfand, war erstaunlich. Der Rhythmus zwischen hell und dunkel ist nicht immer gleich, sondern

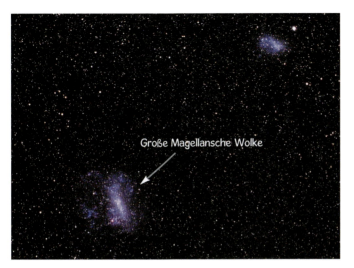

Die Sterne der Großen und der Kleinen Magellanschen Wolke sind uns recht nahe, knapp 200.000 Lichtjahre entfernt.

die Sterne, die am hellsten werden, brauchen auch länger dazu – bis zu vielen Tagen. Bei den weniger hellen geht das Auf und Ab schneller, bis herunter zu einem Tag. Aber alle gleich hellen pulsieren auch gleich schnell! Schließlich hatte Leavitt 25 solcher Sterne zusammen, alle aus der „Kleinen Magellanschen Wolke". Da die Sterne dieser Wolke dicht zusammenstehen, aber die Wolke selbst viel weiter von unseren Milchstraßensternen entfernt sein muss, kann man sagen, dass alle Sterne dieser Wolke etwa die gleiche Entfernung von uns haben müssen. Du kannst dir eine Gruppe deiner Schulfreunde in einer fernen Ecke des Schulhofes vorstellen. Sie sind alle so ungefähr gleich weit von dir am Klassenzimmerfenster entfernt.

Wusstest du ...

Die „Kleine Magellansche Wolke" ist eine dichte Sternansammlung am Südhimmel der Erde. Wir können sie in Europa und auch in den USA leider nie sehen. Henrietta Leavitt fotografierte sie von Peru in Südamerika aus.

Frage 8

Woher kommt wohl der Name „Magellansche Wolke"?

Wie weit die Wolke allerdings entfernt war, das wusste man nicht. Wenn es nun gelänge, solche Cepheiden irgendwo innerhalb unserer Milchstraße zu finden und ihre Entfernung zu uns zu messen, dann könnte man auch sagen, wie weit die Magellansche Wolke von der Erde entfernt ist. Wie das? Nehmen wir an, ein Cepheid in unserer Milchstraße braucht sechs Tage für sein Hell-dunkel-hell, erscheint uns aber 50-mal heller als ein Sechs-Tage-Stern in der Kleinen Magellanschen Wolke. Dann müsste die Wolke 50 x 50 = 2.500-mal weiter weg sein als unser Milchstraßen-Cepheid. Das Licht ist nämlich in doppelter Entfernung viermal schwächer, in zehnfacher Entfernung 100-mal schwächer usw. Es nimmt also quadratisch mit der Entfernung ab.

Und tatsächlich, schon ein Jahr später fand der Däne Ejnar Hertzsprung heraus, dass die Kleine Magellansche Wolke mindestens 30.000 Lichtjahre entfernt sein müsste. Und

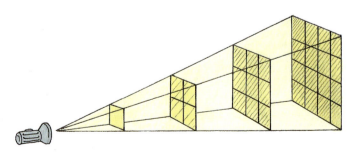

Ein Lichtkegel verteilt sich in doppelter Entfernung schon auf die vierfache Fläche, ist also nur noch ein viertel Mal so hell, in dreifacher Entfernung auf die neunfache Fläche (ein neuntel Mal so hell).

bald bewies Edwin Hubble (1889–1953) mit solchen pulsierenden Sternen in der Andromedagalaxie, dass unsere Nachbarmilchstraße mehr als eine Million Lichtjahre entfernt sein muss (Kapitel 9). Wenn die Kleine Magellansche Wolke und die Andromedagalaxie so weit weg waren, konnten sie nicht klitzekleine Begleiter unserer riesigen Milchstraße sein. Zumindest der Andromeda-„Nebel" musste ähnlich riesig wie unsere eigene Galaxie sein.

Nun erst begann sich das gewaltige Universum zu erschließen. Nicht nur die Sonne war ein Staubkorn unter Milliarden Sonnen unserer Milchstraße, auch die Milchstraße selbst musste ein Staubkorn unter ungeheuer vielen anderen Galaxien sein.

Die meisten Lichtpunkte auf diesem Foto des Hubble-Weltraumteleskops sind Galaxien in den Tiefen des Weltalls.

7. Die Entdeckung der Roten Riesen

Ejnar Hertzsprung, 1873–1967

Braucht man zu astronomischen Entdeckungen ein Fernrohr? Nicht unbedingt. Die Roten Riesen, Sterne, die mehr als 100.000-mal heller strahlen als unsere Sonne und mehr als 1.000-mal größer sein können, wurden nicht mit dem Fernrohr und auch nicht mit einem Raumschiff, sondern am Schreibtisch entdeckt.

Tatsächlich! Entdecker war kurz nach 1900 Ejnar Hertzsprung, ein dänischer Fotochemiker, der durch seinen Beruf genau Bescheid wusste, wie auf Fotofilmen das eingestrahlte Licht in schwarze Silberkörner umgewandelt wird. Solche Aufnahmen wurden dann umkopiert, sodass alles, was schwarz geworden war, nun wieder besonders hell leuchtete. Filme, mit einer lichtempfindlichen Silbersalzschicht bestrichen, gibt es auch heute noch; sie sind aber durch unsere Digitalkameras fast schon ausradiert worden. Zur Zeit von Hertzsprung gab es nur Schwarz-Weiß-Filme, mit denen man seit ein paar Jahrzehnten auch Himmelsaufnahmen machte – ein Riesenfortschritt für die Astronomie. Bevor diese Filme empfindlich genug für schwache Sternenlichter geworden waren, musste man alles, was man sah, zeichnen. Mit dem einen Auge sah man durch das Fernrohr, mit dem anderen kontrollierte man, was die Hand zeichnete.

Bei fotochemischen Aufnahmen gibt es aber ein Problem: Wie stark wirkt welches Licht auf solche Silbersalze? Violettes Licht zum Beispiel schwärzt die Silbersalzkörner viel mehr als rotes Licht. Das heißt, ein mehr violett strahlen-

Die Entdeckung der Roten Riesen

der Stern leuchtet in den fotochemischen Aufnahmen viel intensiver als ein roter. Solche Fragen untersuchte Hertzsprung.

Sterne interessierten ihn aber auch unabhängig von seiner Fotochemie. Und da fand er 1907 eine „Riesen"-Überraschung, vielleicht gerade, weil er ein Außenseiter war: Es gibt unglaublich große, rot leuchtende Monster im Weltraum. Sie wurden schließlich als die „alten Herren" im Weltall identifiziert, riesengroß aufgebläht, aber fast schon ausgebrannt und ein ganzes Stück kühler als unsere Sonne. Hertzsprung fand diese Sterne aber nicht durch eigene Beobachtungen, sondern in den Aufzeichnungen anderer.

Schon etwa 40 Jahre vorher (siehe Kapitel 4) hatte man den Geheimcode der Sterne geknackt: Dunkle Linien im Farbenband jedes Sternenlichts zeigen an, welche chemischen Elemente in den leuchtend heißen Atmosphären der Sonnen existieren. Kurz vor 1890 begann in Amerika ein Team von klugen Frauen um den Physiker und Astronomen Edward Charles Pickering, solche fotografierten Farbenbänder, genannt „Spektren", verschiedenster Sterne zu sammeln und zu ordnen.

Das Frauenteam von Pickering

Wusstest du ...

Frauen in der Wissenschaft waren damals noch recht ungewöhnlich. Sie sind es eigentlich, leider, heute noch. Und es war auch nicht besonders fortschrittlich, was Herrn Pickering dazu trieb, Frauen zu beschäftigen: Das Ordnen von Tausenden von dunkel durchstrichelten Schwarz-Weiß-Bildern war keine Aufgabe, die männliche Astronomen reizte. Frauen waren außerdem billigere Arbeitskräfte.

Wie ordnet man am besten solche Farbspektren von Sternen? 1901 waren schon über 1.000 davon gesammelt, 20 Jahre später waren es über 200.000. Die Damen entwickelten „Schubladen", die sie A, B, C, D usw. nannten. In jede Schublade kamen Farbspektren, die ähnlich aussahen. Dabei warf das Frauenteam die schöne Alphabetordnung mehrmals um. Viele Buchstaben verschwanden völlig. Schließlich waren alle Schubladen ziemlich durcheinandergewürfelt. Die Schublade O stand plötzlich an erster Stelle, direkt vor der Schublade B, denn O-Spektren waren näher verwandt mit B-Spektren und überhaupt nicht mit M-Spektren. Die ganze Schubladenfolge lautet noch heute: O, B, A, F, G, K, M. Dazu erfanden amerikanische Astronomen den Merkspruch: Oh Be A Fine Girl, Kiss Me. Nehmen wir lieber den deutschen: Offenbar Benutzen Astronomen Furchtbar Gerne Komische Merksprüche.

Fällt dir ein eigener Merkspruch für die Schubladen ein?

Frage 9

In welche der Schubladen O–M (siehe S. 75 oben) gehört das Spektrum von Wega? Warum passt das Spektrum der Sonne nicht in Schublade K?

Die Entdeckung der Roten Riesen

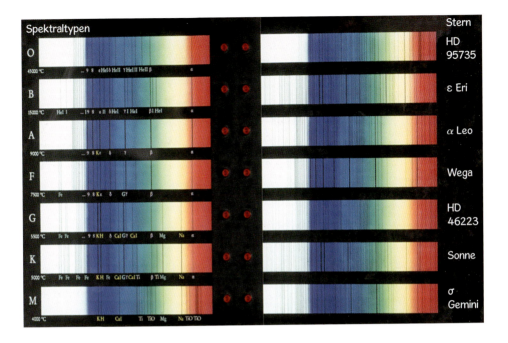

Schnell war klar, dass O-Sterne, auch weil besonders weiß strahlend, am heißesten sind und rote M-Sterne viel kühler. Ein erhitztes Stück Eisen fängt auch dunkelrot zu glühen an und wird umso weißglühender, je heißer es wird. Die raffinierteste Sortiererin unter den Damen war Annie Cannon. Eine andere Dame, Antonia Maury, fand sogar etwas, das schon der erste Schlüssel zu den Roten Riesen war. Aber sie konnte die Tür nicht öffnen – ihr fehlte noch etwas. Sie erkannte, dass die Schubladen ihrer Kollegin Cannon unterteilt werden mussten. So gab es zum Beispiel bei den M-Sternen eine Unterschublade, in der alle Farbbänder mit besonders scharfen Fraunhoferlinien landeten (siehe dazu S. 145/146). Frau Maury glaubte, dass das eine besondere Sternenserie sein musste. Mehr fiel ihr dazu nicht ein, konnte ihr auch nicht einfallen, denn der zweite

Tausende von Sternspektren vergleichen – harte Arbeit!

Die Entdeckung der Roten Riesen

Schlüssel zur Erklärung, was diese Unterschublade war, lag in der unterschiedlichen Entfernung dieser Sterne von der Erde, und die war noch völlig unbekannt.

Nur von wenigen unter Milliarden Sternen in unserer Milchstraße wusste man seit 1838, wie weit sie entfernt waren (siehe Kapitel 6). Also wusste man auch nicht, wie hell die meisten davon, die in den Schubladen des Damenteams steckten, in Wirklichkeit leuchteten. Denn weit entfernte Sterne erscheinen uns sehr schwach, auch wenn es vielleicht Riesentrümmer sind. Und nahe Sterne erscheinen uns, auch wenn sie klein sind, sehr hell. Da hatte Ejnar Hertzsprung eine blendende Idee. Das heißt, die Idee war nicht neu. Schon andere Astronomen hatten damit die „Schubladen" (wissenschaftlich heißen sie Spektralklassen) ordnen wollen, aber er setzte sie als erster geschickt um. Diese Idee war der zweite Schlüssel: die eigenen Bewegungen von Sternen als Maß für ihre Entfernung von der Erde. Den Trick hatte schon Friedrich Wilhelm Bessel für seine genauen Messungen 1838 benutzt (siehe Kapitel 6).

Hertzsprung suchte etwa 300 Sterne aus, von denen Schublade, sprich Spektralklasse, und Eigenbewegung möglichst gut bekannt waren. Aus ihrer Helligkeit am Himmel und ihrer kleinen oder großen Eigenbewegung schätzte er ab, wie hell sie wirklich leuchten würden, wenn sie alle in gleicher Entfernung von uns stünden, sozusagen auf einem Prä-

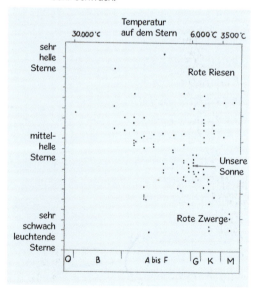

Hier hat Herzsprung die Sterne nach ihrer wirklichen Helligkeit (senkrechte Achse) und ihrer Spektralklasse (waagerechte Achse) geordnet. Links oben stehen die heißen und weiß leuchtenden Sterne, rechts die kühleren roten. Alle Sterne oben sind besonders hell, die ganz unten leuchten sehr schwach.

sentierteller direkt vor uns. Er nahm einfach bei einer bestimmten großen Eigenbewegung von Stern 1 an, dass er sehr nahe stand. War nun die Eigenbewegung von Stern 2 viermal kleiner, sollte dieser viermal weiter weg sein. Auf den gleichen Präsentierteller wie Stern 1 herangeholt, musste er dann 4 x 4 = 16-mal heller leuchten, als wir ihn am Himmel beobachten können usw. Dabei stellte Hertzsprung überrascht fest, dass die allermeisten Sterne auf diesem Präsentierteller weniger hell als unsere Sonne waren. Doch selbst in der Schublade M, in der eigentlich rötere kühlere Sterne als unsere Sonne versammelt waren, gab es einige wenige, die sehr viel heller leuchteten. Die fand er genau in der Unterschublade von Antonia Maury. Wie konnten diese doch kühleren M-Sterne heller sein als unsere Sonne?

Auf einem Präsentierteller wären die Sterne leichter zu vergleichen.

Alle M-Sterne haben die gleiche rote Farbe, genau deshalb stecken sie in der gleichen Schublade. Wenn die Sterne in Frau Maurys Unterschublade trotzdem sehr viel heller leuchten, 1.000-mal heller zum Beispiel, müssen sie eine sehr viel größere rot leuchtende Fläche haben, 1.000-mal größer als die genauso roten übrigen M-Brüder. Es müssen Riesensterne sein – Rote Riesen. So wie 1.000 rote Lampen, in eine rote Fläche zusammengepackt, natürlich viel heller leuchten als ein einziges Rotlicht.

Aber warum gibt es so wenige ganz helle M-Sterne? Sind sie vielleicht eine seltene Sonderserie, wie Antonia Maury glaubte? Oder gehört diese Form zum normalen Lebenslauf eines Sterns, existiert aber nur eine sehr kurze Zeit im Vergleich zu seinem gesamten Leben? Überzeugt war die Wissenschaft damals schon, dass sich Sterne entwickeln. Sie können ja nicht ewig brennen. Kein Ofen kann das, auch nicht im Weltall. Irgendwann geht der Brenn-

Die Entdeckung der Roten Riesen

stoff aus, Energie kommt nicht aus dem Nichts und schon gar nicht ewig. Das wusste man seit mehr als 50 Jahren. Also müssten Sterne als äußerst wirksame Brennöfen beginnen, das heißt sehr heiß und deshalb weiß leuchtend sein, und irgendwann kühler und röter werden und schließlich verlöschen. Aber was ist ihr Brennstoff? Das wusste niemand. Und heißt das, dass die weißen O-Sterne die jüngsten sind und die roten M-Sterne die ältesten? Das glaubte man, aber es war nicht ganz richtig.

Stellen wir uns eine forschende Eintagsfliege vor, die im Laufe ihres so unsäglich kurzen Lebens etwas über uns Menschen erfahren will. Sie sieht um sich herum, nur einen Tag lang, ganz kleine Menschen, die sich wenig bewegen (Babys), mittelgroße, die viel herumlaufen (Jugendliche), und große, die sogar weite Strecken zurücklegen (Erwachsene). Als fleißige Forschungsfliege trägt sie alles in ein schönes Diagramm ein.

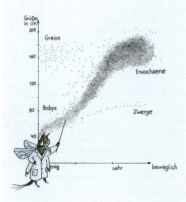

Eine Forscherfliege

Aha, stellt sie fest! Es gibt also viele große Menschen, die sich überallhin bewegen, und sehr wenige kleine, die ständig an einer Stelle bleiben – allerdings auch ein paar große, die sich kaum bewegen (die alten gebrechlichen Leute). Und ihre Frage ist: Warum gibt es so wenige kleine Menschen? Entweder sind grundsätzlich wenige von diesem kleinen Menschenschlag vorhanden, sozusagen eine Sonderserie Babys, oder diese Babys bleiben nur kurze Zeit klein und unbeweglich, werden bald größer und laufen herum. Und das im Gegensatz zum Babyalter viele, viele Jahre lang! Deshalb erscheint die Anzahl der Babys so klein – wenn man sie als Forscherfliege nur einen Tag beobachten kann.

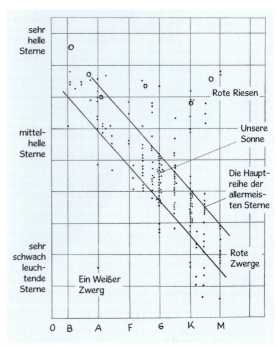

So etwas Ähnliches wie diese Forscherfliegen sind wir und war es Hertzsprung, gegenüber der Lebenszeit der Sterne. Niemand zweifelte 1907 daran, dass unsere Sonne ungeheuer alt sein muss wie wohl auch die anderen Sterne. Und so schloss Hertzsprung: Vielleicht sind die roten Riesensterne nur ein sehr kurzes Lebensstadium eines jeden Sterns. Weil es in so kurzer Zeit durchlaufen wird, sehen wir „Forscherfliegen" von 60 bis 80 Lebensjahren nur so wenige davon am Himmel.

Er hatte recht. Die Diagramme, die man heute noch zeichnet, heißen, auch zu seinen Ehren, Hertzsprung-Russell-Diagramme. Henry Norris Russell, ein amerikanischer Astronom, hatte sechs Jahre später schon genaue Entfernungen von vielen Sternen, nicht nur grobe Schätzungen aus der Eigenbewegung. Er konnte die Sterne deshalb viel exakter in sein Diagramm einordnen. Zeichnet man ein solches Diagramm für viele Sterne, so sieht man: Es gibt eine sogenannte Hauptreihe. Da sind die allermeisten Sterne versammelt. Bei den G- bis M-Sternen gibt es zwei Sorten, sehr schwache, die zur Hauptreihe gehören, und sehr helle, die im Diagramm darüber stehen: die Roten Riesen. Russell fand 1913 auch einen Stern, der ganz unten, aber ziemlich weit links, bei den A-Sternen, stand. Das heißt, er musste sehr weiß und heiß sein, leuch-

Das Diagramm von Russell war schon genauer als Hertzsprungs Ergebnis. Die meisten Sterne versammeln sich auf einer Reihe von links oben nach rechts unten. Die Roten Riesen sind eine Ausnahme: rot und kühl und doch sehr hell.

Die Entdeckung der Roten Riesen

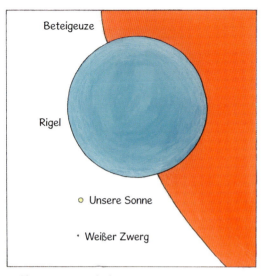

Riesensterne und winzige Weiße Zwerge

tete allerdings schwach. Ein sehr heißer und weiß leuchtender Stern, der trotzdem sehr schwach leuchtet, muss sehr klein sein. Heute kennen wir viele davon. Sie heißen Weiße Zwerge.

Mehr als 50 Jahre nach Hertzsprung konnte man mit den ersten Großcomputern berechnen, wie sich Sterne wirklich entwickeln – nicht so einfach, wie man noch zu Zeiten von Hertzsprung und Russell gedacht hatte. Geboren wird ein Stern aus einem kleinen oder großen langsam immer heißer werdenden Gasball, den wir am Himmel aber noch gar nicht sehen können, weil er nur Wärmestrahlung aussendet. Daraus wird schließlich ein Kernkraftwerk, ein kleines, rot leuchtendes oder ein helles, weiß strahlendes. Erst dann sehen wir den Stern am Himmel und können ihn in das Diagramm eintragen. Er gehört zur „Hauptreihe". Sowohl ein kleiner, rot leuchtender M-Stern als auch ein heißer, weiß strahlender O-Stern können also recht junge Sterne sein, wenn ihr Kernkraftwerk in der Hauptreihe gerade erst angelaufen ist.

Alle bleiben nun die meiste Zeit ihres Lebens in dieser Hauptreihe – unsere Sonne noch weitere vier bis fünf Milliarden Jahre lang. Fünf hat sie schon auf dem Buckel. Ein ganz heller Stern hält es allerdings nur einige Hunderttausend bis Millionen Jahre aus. Dann ist das Brennmaterial, der Wasserstoff, verbraucht. Er hat also zu schnell alle Energie verpulvert und ist früh alt geworden. Es dauert noch

Die Entdeckung der Roten Riesen

ein paar Hunderttausend Jahre, dann bläht sich dieser alternde Stern zu einem Roten Riesen auf.

Bei unserer Sonne wird dieses Zwischenstadium viel länger dauern, etwa weitere zwei Milliarden Jahre. Dann erst bläht sie sich zum Riesenstern auf, verschluckt wahrscheinlich, als Riesenball, sogar Merkur und Venus und füllt drohend und alles ausdörrend fast unseren ganzen Erdhimmel aus. Spätestens zu diesem Zeitpunkt ist wohl alle menschliche Wissenschaft am Ende! Unser Sonnengigant hält das allerdings noch eine Milliarde Jahre aus, dann stößt er den größten Teil seiner verbrannten Gase ab. Dabei wird der übrig bleibende Rest stark zusammengepresst und deshalb noch einmal sehr heiß, bis über 50.000 °C. Ein Weißer Zwerg ist entstanden. Das zusammengepresste Gas darin ist auch sehr schwer. Ein Fingerhut davon würde auf der Erde so viel wie ein ganzes Auto wiegen. Dieser heiße Zwerg kann aber kein Kernkraftwerk mehr betreiben – ohne Wasserstoff, ohne Helium. Er wird in weiteren Millionen oder vielleicht Milliarden Jahren immer dunkler und verlischt schließlich als Schlacke im Weltall.

In vier Milliarden Jahren ist auch die Sonne ein Riesenstern und wird alles Leben auf der Erde ausdörren.

Ganz hell geborene Sterne explodieren nach insgesamt höchstens ein paar lumpigen Millionen Jahren und nach ihrem Riesenstadium in einem unglaublichen Feuerwerk, so hell wie eine ganze Milchstraße – als Supernova. Hoffentlich passiert das nie in unserer Nähe!

Ein ganz hell geborener Stern explodiert am Ende seines Lebens.

8. Das gekrümmte Weltall

Albert Einstein, 1879–1955

Ziehen die Füße die Bälle an oder ist die Krümmung des Trampolins schuld?

Isaac Newton hätte mindestens zwei Nobelpreise verdient: für seine Theorie der Schwerkraft und für seine Zerlegung des Sonnenlichts (siehe Kapitel 2 und 4). Leider gab es zu seiner Zeit noch keinen Nobelpreis. Albert Einstein würde ich drei gönnen:

Einen für seine Spezielle Relativitätstheorie, in der er zeigte, dass Energie = Masse x Lichtgeschwindigkeit x Lichtgeschwindigkeit ist und unglaubliche Dinge geschehen, wenn man fast so schnell wie das Licht wird; schneller geht es übrigens gar nicht.

Einen zweiten für seine ebenfalls geniale Idee, dass Licht in kleinen Energiepaketen geliefert wird – nur dafür hat er tatsächlich den Nobelpreis erhalten.

Einen dritten für seine Allgemeine Relativitätstheorie, die bewies, dass es gar keine Schwerkraft gibt, so wie Newton sich das gedacht hat, als Kraken in jeder Sonne und jedem Planeten, der alles magisch anzieht und herumwirbelt, sondern dass jede Masse den Raum um sie herumkrümmt, so ähnlich, wie du ein Trampolin durchkrümmst, wenn du darauf stehst. Dann rollt alles zu deinen Füßen hin, als ob sie eine Anziehungskraft ausüben. Tun sie aber nicht. Nur der (Trampolin-)Raum um sie herum ist schön gekrümmt. Wenn du also von einem Baum fällst, müsstest du eigentlich sagen, die

Das gekrümmte Weltall

Raumkrümmung um die Erde zwingt dich zum Boden zurück und nicht die Schwerkraft der Erde.

Auch ohne Trampolin krümmt laut Einstein jeder Mensch den Raum um sich herum, ganz gleich wo er steht oder schwebt, auf der Erde oder als Astronaut im Weltraum. Aber da wir nicht mehr als 50 bis 100 kg Masse haben, bleibt diese Krümmung um uns herum so furchtbar klein, dass wir das glatt vergessen können. Selbst die riesige Erde krümmt den Raum um sie herum noch recht bescheiden, auch wenn wir die Wirkung davon bei jedem Hinfallen spüren. Licht zum Beispiel müsste sich ein ganz klein wenig um die Erde herumkrümmen. In der Tat hat Einstein das schon 1907 behauptet, obwohl die damalige Wissenschaft seine Spezielle Relativitätstheorie und seine Lichtpakete noch gar nicht richtig verdaut hatte. Die lagen erst zwei Jahre zurück. Nun hatte er also schon neue verrückte Vorstellungen: Alles, was sich bewegen kann, ob Licht oder Materie, soll wie auf unsichtbaren Schienen um eine große Masse, etwa die Erde, herumgebogen werden. Der Mond zum Beispiel!

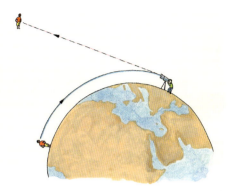

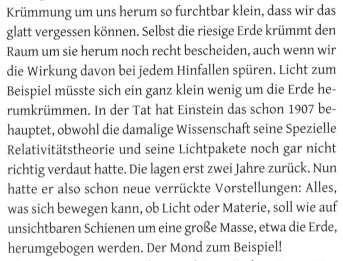

Das wäre toll, wenn die Erde die Lichtstrahlen so stark krümmen könnte – wie etwa ein Schwarzes Loch.

Aber wozu braucht man diese „Schienen"-Theorie von Einstein? Die Sache mit dem Mond zumindest hatte der alte Newton doch hervorragend erklärt. Man konnte alles wunderbar berechnen, wenn man sein berühmtes Gravitationsgesetz benutzte. Jede Planetenbahn, das wissen wir schon, gehorcht brav dieser Formel.

Doch Einstein fand ein Haar in dieser Suppe. Genauer gesagt, das Haar störte die Astronomen schon seit mehreren Jahrzehnten. Alle Planeten kreisen in Ellipsen um die Sonne, auch der Merkur, der sonnennächste. Doch diese Ellipsen bleiben nicht an gleicher Stelle im Weltall. Sie drehen sich selbst um die Sonne, ganz langsam allerdings. Nur bei Merkur, der durch die große Masse der Sonne am schnellsten bewegt wird, konnte man diese Drehung genau messen, indem man die Beobachtungen vieler Jahre miteinander verglich. Merkur ist der Sonne am allernächsten, die Drehung seiner Ellipse ist deshalb nicht ganz so winzig. Heraus kam: In 625 Jahren wird sich die Ellipse des Merkur um ein Grad gedreht haben. Das ist ein ganz kleiner Winkel. Erst in mehr als 200.000 Jahren hat die Merkurellipse eine ganze wunderschöne Rosette um die Sonne gedreht.

Aber Astronomen sind nun mal pingelig. Warum tut der Merkur das? Newtons Schwerkraftgesetz konnte das nur zu 90 % erklären, es musste also noch etwas anderes dahinterstecken. Die einfachste Möglichkeit war: Es gibt einen klitzekleinen Planeten – Vulkan sollte er heißen – ganz nah

Die Ellipse des Merkur dreht sich um die Sonne.

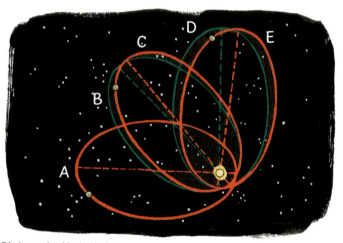

Die Lage der Merkurbahn
klassisch berechnet: A heute   B in 30.000 Jahren   D in 60.000 Jahren
in Wirklichkeit: A heute   C in 30.000 Jahren   E in 60.000 Jahren

an der Sonne, der die Bahn des Merkur stört. Aber so raffiniert die Astronomen auch dicht neben dem gleißenden Sonnenlicht suchten, da gab es kein noch so kleines Planetchen.

Dieses Haar in der schönen Schwerkraftsuppe der Astronomen wollte Einstein mit seiner neuen Theorie herausholen. Als es ihm schließlich 1915 gelingen sollte, die Drehung der Merkurellipse mit seiner neuen Theorie der Raumkrümmung um die Sonne zu erklären, war er selbst fassungslos vor Erregung, wie er schrieb. Doch außer Astronomen hätte dieses einzige Haar wohl keinen Hund hinter dem Ofen hervorgelockt. Einstein hatte noch zwei weitere Trümpfe in seiner Theorie, die etwas ganz Neues, Unerwartetes vorhersagten. Die Trümpfe hatten mit Licht zu tun. Licht sollte auch schwer sein. Das war nicht ganz so neu, solche Theorien hatte es schon vor 150 Jahren gegeben. Allerdings glaubte man inzwischen nicht mehr daran, weil man Licht für eine Welle hielt. Und Wellen sind nicht schwer. Für Einstein dagegen hatte Licht auch Masse. Licht war für ihn also beides, sowohl Teilchen als auch Welle. Lichtteilchen, die schwer wären, würden von Planeten oder gar der Sonne angezogen und, ähnlich wie der Mond um die Erde oder die Planeten um die Sonne, um sie herumgebogen. Zwar viel weniger stark, aber immerhin. Einstein berechnete die Ablenkung genau – aber zunächst, einige Jahre vor 1915, falsch. Diese Ablenkung bei der Sonne musste messbar sein, davon war Einstein überzeugt. Ein Stern, der von uns aus gesehen nahe bei der Sonne steht, kann nicht dort stehen, wo die Astronomen ihn aufgrund seiner Bewegung berechnen, sondern er muss etwas verschoben sein, eben wegen der Krümmung seiner Lichtstrahlen, um ein sagenhaft kleines Zwei-

Albert Einstein findet das Haar in der Suppe.

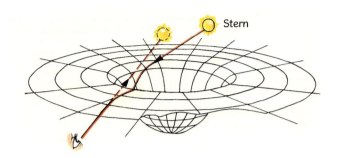

Das Sternenlicht wird um die schwere Sonne herumgebogen. Die Sterne stehen nicht genau da, wo wir sie sehen.

tausendstel von einem Grad. So klein sehen wir eine Heuschrecke – falls wir sie überhaupt sehen können – in mehr als einem Kilometer Entfernung. Aber pingelige Astronomen können so etwas messen.

Wie machen sie das? Wenn die Sonne scheint, sieht man doch überhaupt keine Sterne, schon gar nicht dicht neben ihrem leuchtenden Rand. Man müsste die Sonne zudecken, dann stört ihr Licht nicht. Das geht in der Tat. Doch fiel das dem Nichtastronomen Einstein erst vier Jahre nach seinen ersten Ideen ein: Bei einer Sonnenfinsternis deckt ja der Mond die Sonne zu, da sieht man sogar den Merkur, der sonst sehr schwierig und nur ganz kurz vor Sonnenaufgang oder nach Sonnenuntergang zu finden ist. Bei einer Sonnenfinsternis also müsste man dieses ein zweitausendstel Grad messen können. Die nächste passende gab es 1914. Doch von Einsteins Theorie war erst der Schwanz fertig und augenzwinkernd stöhnte er:

„Ich habe mich wieder bis zur Erschöpfung geplagt mit der Gravitationstheorie ... Die Natur zeigt uns von dem Löwen zwar nur den Schwanz. Aber es ist mir unzweifelhaft, dass der Löwe dazugehört ... Wir sehen ihn nur wie eine Laus, die auf ihm sitzt."

Einsteins astronomische Freunde planten trotzdem zur Sonnenfinsternis 1914 eine Expedition nach Russland, packten alles zusammen, bauten es auf der Halbinsel Krim im Schwarzen Meer wieder auf und – wurden gefangen genommen. Der blutige Erste Weltkrieg begann und Russland und Deutschland bekämpften sich als Feinde. Zwar waren noch weitere Forschungsteams an der Sache dran, aber der Krieg und das schlechte Wetter verdarben auch ihnen alle Beobachtungen. Einstein musste bis 1919 warten, nach Ende des Krieges, da zeigte eine englische Sonnenfinsternisexpedition, dass er recht hatte: Man fand genau seine vorhergesagte Lichtablenkung. Und wie gut nun, dass die erste Expedition nicht geklappt hatte. Damals hatte er noch den halben Wert vorhergesagt. Das wäre peinlich geworden!

Sonnenfinsternis

Erst als er 1915 seine Allgemeine Relativitätstheorie fertig hatte, kam der richtige Wert heraus, doppelt so groß wie der ursprünglich berechnete. Jetzt war er mit einem Schlag berühmt. Alle rissen sich um ihn, den neuen Newton, der unsere Vorstellungen vom Weltall umstürzte.

Da machte es nichts aus, dass der dritte Trumpf aus seiner Theorie noch gar nicht stach: Rotes Licht schwingt sehr langsam, wenn man es als Welle versteht – das durfte man immer noch, trotz Einsteins Lichtpaketen –, blauviolettes Licht schwingt viel schneller. Seine „Frequenz" ist größer. Lichtwellen sollten nun laut Einstein auf der Sonnenoberfläche, auf der die Schwerkraft wegen der großen Masse der Sonne sehr viel größer ist als auf der Erde, um zwei Millionstel langsamer schwingen. Wieder solch ein winziger Betrag: Wenn deine Uhr plötzlich um zwei Millionstel pro Sekunde langsamer geht, kann dir das ziemlich egal sein. Du kommst erst in knapp einem Jahr eine Minute zu spät in die Schule.

Um zwei Millionstel also müsste die Farbe des Lichts, das aus der Sonne kommt, verschoben sein. Genauer gesagt: Es sind wieder die dunklen Fraunhoferlinien, die uns das zeigen können. Sie müssen um diesen klitzekleinen Betrag, im Vergleich zu Lichtquellen auf der Erde, verschoben sein. Das konnte man erst 40 Jahre später nachweisen – an einem Weißen Zwerg. An seiner Oberfläche ist die Schwerkraft nochmals viel größer als auf unserer Sonne.

Heute würde kein Navigationsgerät im Auto richtig funktionieren, wenn man solche winzigen Verschiebungen nicht einkalkulieren würde. Satelliten hoch über der Erde senden Funkwellen zu uns und das Navigationsgerät berechnet daraus, wo wir gerade sind. Doch 30.000 km über der Erdoberfläche ist die Schwerkraft der Erde geringer. Da schwingen die Funkwellen nach Einstein etwas schneller als dicht über der massigen Erde. Das müssen die Ingenieure berücksichtigen.

Frage 10

Bei der GPS-Navigation im Auto muss auch die Spezielle Relativitätstheorie von Einstein berücksichtigt werden. Warum wohl?

Viel mehr als die Ingenieure haben natürlich Astronomen die einsteinsche Theorie zu berücksichtigen. Ohne ihn geht heute gar nichts mehr – sei es bei Massemonstern wie Schwarzen Löchern, die den Raum um sich gewaltig krümmen, oder bei ganzen Milchstraßen, die Licht, das aus der Ferne an ihnen vorbeistreicht (wie das Sternenlicht an unserer Sonne), ablenken. Diese Ablenkung kann so stark sein, dass wir eine ganz ferne Galaxie, die dieses Licht aussendet, doppelt oder vierfach um die Milchstraße im Vordergrund herum sehen oder sogar als Ring. Einsteinring nennt man diese Traumbilder, die uns unsere modernen riesigen Teleskope zeigen.

Ein Einsteinring entsteht durch die Krümmung des Lichts einer fernen Milchstraße um eine nähere und große Galaxie.

Wir müssen nochmals zum Anfang von Einsteins Ideen, ins Jahr 1907, zurückkehren. Er fing gar nicht wirklich mit dem Merkur an. Es plagte ihn ein anderes großes Problem: Seine Spezielle Relativitätstheorie von 1905 hatte alles erklärt, was mit konstanter Geschwindigkeit dahinfliegt – bis hin zur Supergeschwindigkeit des Lichtes. Aber wenn sich die Geschwindigkeit ändert, gibt diese Theorie von 1905 keine Antwort. Und genau das passiert ja auf Himmelskörpern. Da fällt ein Stein von einem Berg herunter und wird immer schneller oder du springst vom Zehn-Meter-Brett ins Schwimmbecken und rauschst mit immer größerer Geschwindigkeit ins Wasser. Auch Himmelskörper selbst, Planeten etwa, ändern dauernd ihre Geschwindigkeit. Im Winter zum Beispiel ist unsere Erde schneller, weil sie etwas näher an der Sonne ist als im Sommer (kein Denkfehler! Das hat nichts damit zu tun, dass es bei uns im Winter kälter ist).

Ein fotografierter Einsteinring

Irgendwie, sagte sich Einstein, muss ich meine Spezielle Relativitätstheorie erweitern. Sie soll auch für Geschwindigkeiten gelten, die sich verändern. Das also war sein Ausgangspunkt. Damit wollte und musste er auch die Schwerkraft einbeziehen, die 1905 keinen Platz bei ihm gefunden hatte. Einen Ausgangspunkt haben, ist eines, aber wie findet man den weiteren Weg? Einstein erzählte später, was der zün-

Das gekrümmte Weltall

Ein fallender Dachdecker und alles, was mit ihm fällt, ist schwerelos.

dende Funke für ihn war: Wenn jemand vom Dach herunterfällt, vielleicht ein schrecklich unvorsichtiger Dachdecker, mit Werkzeugen und einem Ziegel in der Hand, spürt er während des Fallens kein Gewicht mehr, weder sein eigenes noch das seiner Werkzeuge oder des Ziegels. Er fühlt sich schwerelos. Genießen wird der Dachdecker solch einen Unfall nicht – aber Einstein tat es. Und wir können es heute auf der Kirmes, auf einem Fallturm. Auch uns erscheint, während wir fallen, alles schwerelos.

Eigentlich, meinte Einstein, ist dieses Gefühl falsch. Denn ein Freund, der unten steht und schaut, wie wir herunterfallen, sieht doch eindeutig, dass wir von der Erde nach unten gezogen werden und immer schneller werden. Was ist nun richtig: Das, was wir fühlen, oder das, was unser Freund sieht?

Noch deutlicher: Stellen wir uns vor, wir würden in einem Kasten ohne Fenster eingesperrt fallen, vielleicht sogar dort drinnen auf einer Waage stehen: Sie zeigt plötzlich nichts mehr an. Wir könnten glauben, irgendwo mit unserem Kas-

Seltsam – die Waage zeigt das Gleiche an!

ten im Weltall zu schweben. Ein Freund aber, der diesen Kasten fallen sieht und (vielleicht über eine Fernsehkamera) hineinschauen kann, sieht uns und die Waage tatsächlich fallen und immer schneller werden, wir sind also keinesfalls schwerelos. Was gilt denn nun?

Einstein veränderte sein Beispiel in Gedanken: Stellen wir uns Physiker vor, die plötzlich in einen fensterlosen Kasten hineingezaubert werden. Dort messen sie: Alles normal! Wir stehen ruhig auf der Erde. Doch könnte es nicht sein, vermutet nun einer der Forscher, dass der Kasten, frei im Weltraum, von Raketenmotoren gerade weggeschossen wird, genau mit der Kraft, die sonst die Erde auf uns ausübt? Auch dann würden wir alle normal schwer sein. Die Physiker im Kasten können einfach nicht entscheiden, was richtig ist – solange sie nicht hinausschauen.

Der Widerstand, mit dem sich alle Körper dagegen wehren, immer schneller zu werden, erklärt alles, was im hochgeschossenen Kasten passiert. Dieser Widerstand heißt träge Masse. Die schwere Masse dagegen erklärt alles im ruhenden Kasten. Sie zieht uns zur Erde hin. Träge Masse und schwere Masse sind immer und überall hypergenau gleich. Deshalb können die Kastenphysiker nicht entscheiden, was mit ihnen passiert.

Erst Einstein fing an, darüber zu staunen. Wenn das immer und überall so gilt, dann ist es ein vielleicht wichtiges Naturgesetz! Dann ist auch Schwerkraft vielleicht dasselbe wie beschleunigte Bewegungen auf unsichtbaren Schienen um jeden schweren Körper herum. Kein Krake Schwerkraft sitzt in der Erde, der uns oder den Mond anzieht. Ein gekrümmter Raum um die Erde herum ist es, der uns bewegt – wie eine Achterbahn. Auch bei einer Achterbahn gibt es keine Kraft, die uns in Kurven zwingt. Es sind einfach die Schienen da, auf denen wir fahren, so wie die unsichtbaren Schienen in Einsteins Raum den Mond herumziehen.

So einfach das alles klingt, Einstein konnte es nur mit superschwerer Mathematik, der sogenannten Tensorrechnung, exakt erklären. Das war Schwerstarbeit. Doch zusammen mit seinem Mathematikerfreund Marcel Grossmann (1878–1936) fand er schließlich die richtigen Gleichungen. Sie beschreiben das ganze Weltall.

Wenn man in diesen Gleichungen nur schwache Schwerkräfte wie die der Erde und selbst fast alle Bewegungen um die Sonne herum betrachtet, kommt sehr genau Newtons Gravitationsgesetz heraus. Wir wissen schon: beim Merkur eben nicht ganz. Das war natürlich auch ein Knüller, der große Newton nur als Sonderfall von Einstein! Doch wenn wir zum Beispiel Pulsare, Neutronensterne also (siehe Kapitel 11), oder Schwarze Löcher betrachten, geht mit Newton gar nichts mehr. Nur Einsteins Formeln können alles erklären.

Heute können wir noch genauer messen als zu Zeiten Einsteins, da wagen sich die Physiker an noch eine seltsame Voraussage seiner Theorie: Weil schwere Massen wie Schwarze Löcher und ganze Galaxien den Raum stark krümmen, muss sich diese Krümmung auch stark verändern, wenn mit diesen Massen etwas Heftiges passiert.

Nehmen wir an, zwei Schwarze Löcher stoßen zusammen. Tatsächlich hat man so etwas vor Kurzem beobachtet. Dann verändert sich der Raum um diesen Zusammenstoß gewaltig. Von diesem

Das gekrümmte Weltall 93

Es wäre toll, wenn man das sehen könnte: Zwei Schwarze Löcher stoßen zusammen und Gravitationswellen schießen davon (hier farbig gezeichnet).

Horrorereignis breiten sich Wellen aus, wie in einem See, in den wir einen riesigen Felsbrocken werfen würden. Solche Krümmungswellen, Einsteins „Gravitationswellen", müssten wir dann bis zur Erde messen können. Aber leider ist das noch niemandem gelungen. Die Effekte sind noch winziger als winzig. Hätten wir einen langen Messbalken, der von der Erde bis zur Sonne reicht, so würde er durch solche Krümmungswellen nur um einen Atomdurchmesser zusammengestaucht. Doch viele Forschergruppen basteln heute an raffinierten Apparaturen dazu. Sicher werden sie Einsteins Wellen in den nächsten Jahren finden.

Übrigens: Auch wenn die Forscher bis heute noch nicht direkt auf diese Gravitationswellen gestoßen sind, weiß man doch genau, dass es sie geben muss. Zwei Neutronensterne, die sich umkreisen, hat man genau untersucht und festgestellt, dass sie ständig langsamer werden. Wenn etwas langsamer wird, verliert es an Energie. Das ist genau die Energie, die diese Sterne laut Einstein als Gravitationswellen ausstrahlen müssen. Für diese Entdeckung gab es 1993 den Nobelpreis für zwei amerikanische Astronomen, Russell A. Hulse und Joseph H. Taylor.

9. Die Flucht der Spiralnebel

Fast alles, was wir am Himmel mit bloßem Auge gut sehen können, alle Sterne, Planeten, kleinen Nebelchen und Dunkelwolken, gehört zu unserer eigenen Milchstraße – eigentlich alles am Nordhimmel unserer Erde, bis auf eine einzige, schwach schimmernde Ausnahme, den Andromedanebel. Heutzutage kannst du ihn nur in dunklen Nächten weit außerhalb der erleuchteten Städte finden. Wo? Natürlich im Sternbild Andromeda, als hauchfeinen, ovalen Lichtschleier.

Wusstest du ...

Wie findet man den Andromedanebel?

Am besten suchst du den Himmel zwischen Mitte September und Mitte Dezember nach ihm ab. Er steht dann mit den Sternbildern Andromeda und Pegasus hoch am Himmel. Sofort erkennst du in Richtung Süden, fast über

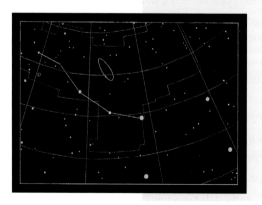

deinem Kopf, ein großes Viereck aus vier Sternen von Pegasus und Andromeda. Alle sind etwa gleich hell. Oben links an diesem Viereck ist eine „Deichsel" angesetzt, wenn wir uns das Viereck als einen Wagenkasten denken.

Unsere „Deichsel" hat mehrere Sterne, einen ersten schwächeren, dann einen hellen, fast so hell wie unser Viereck-Wagenkasten. Von diesem helleren Stern gehen wir nach rechts oben. Und wenn die Nacht schön dunkel ist (Kein Stadtlicht! Kein Mond!) und der Himmel ganz klar bleibt (Kein Dunst!), haben wir Glück gehabt. Dann kannst du ein längliches Nebelchen da oben schwimmen sehen.

Der Astronom Simon Marius, der den Andromedanebel zur Zeit Galileis als erster durch das Fernrohr beobachtete, war hellauf begeistert: Er leuchte wie eine Kerzenflamme durch transparentes Horn bei Nacht. Statt Horn fiele uns heute wohl, weniger poetisch, eingefettetes Butterbrotpapier ein.

Es ist schon sehr beeindruckend zu wissen, dass das gar kein Nebel ist, sondern eine Ansammlung von mehr als 100 Milliarden – vielleicht sogar 1.000 Milliarden – Sonnen, in mehr als zwei Millionen Lichtjahren Entfernung. Ein größeres Schwestersystem unserer Milchstraße, das übrigens liebevoll auf uns zueilt.

Aber keine Angst! Die ganze Andromedagalaxie wird bei ihrem Crash mit uns alles durchdringen wie ein Gespenst ein anderes, ohne etwas zu treffen. Zumindest keine einzelnen Sterne wie unsere Sonne. Warum? Sterne sind vielleicht ein paar Millionen Kilometer dick, aber mindestens 40 Billionen Kilometer voneinander entfernt. Sie sind also etwa zehn Millionen Mal weiter voneinander entfernt, als sie dick sind. Ein Mensch ist etwa 0,5 m „dick". Wenn wir Menschen auf unserer Erde so ähnlich weit entfernt voneinander verteilen würden wie Sterne in einer Galaxie, müssten wir sie 0,5 m x 10 Millionen = 5.000 km voneinander entfernt aufstellen. Dann passen gerade mal acht Menschen auf den ganzen Äquator rund um die Erde herum. Nun lass die mal beliebig losmarschieren oder auf Booten losschippern. Sie werden sich wohl nie treffen! Das Geistertreffen Andromedanebel – Milchstraße erwarten die Astronomen übrigens in etwa zwei Milliarden Jahren.

Der erste, der diesen Andromedanebel erwähnte, war, soweit wir wissen, der persische Astronom as-Sûfi vor mehr als 1.000 Jahren. Vor rund 250 Jahren – da gab es das Fernrohr schon einige Zeit – zählte ein Herr Charles Messier (1730–1817) 103 solcher nebelartiger Objekte am Himmel. Erst jetzt fing man an, darüber nachzudenken, ob diese Nebel vielleicht alle aus Sternen bestehen, wie das weiß schimmernde Band unserer Milchstraße, das ja schon Galilei in lauter Sterne aufgelöst hatte. Es waren vielleicht gar keine Dunstwolken, sondern Welteninseln – Inseln, im Universum verstreut, die aus lauter Sternenwelten bestanden – so ähnlich,

Der Andromedanebel, unsere Nachbargalaxie

wie Inseln im riesigen Pazifischen Ozean verstreut liegen: Hawaii, Tahiti, Samoa. Vor etwa 150 Jahren stellte man dann fest, dass einige der Nebel spiralförmig aussahen, wie riesige Feuerwerksräder – und sich vielleicht sogar drehten? War vielleicht auch der Andromedanebel eine solche Welteninsel aus Sternen?

In der Tat wurde mit Spektroskopie (siehe Kapitel 4) nachgewiesen: Da gibt es dunkle Fraunhoferlinien in seinem

Licht, wie bei Einzelsternen. Wäre es ein leuchtender, echter Nebel, müssten helle Linien zu sehen sein, wie bei einer leuchtenden Flamme auf der Erde. Doch erst vor weniger als 100 Jahren gelang es mit einem Superspiegelteleskop, das auf dem Mount Wilson in den USA errichtet wurde, die dünneren äußeren Schleier des Andromedanebels wirklich in einzelne Sterne aufzulösen. Der Spiegel dieses Teleskops war 2,5 m groß, ein Weltrekord damals. Heute lächeln die Astronomen mit ihren Acht- bis Elf-Meter-Spiegeln darüber. Aber immerhin, das Hubble-Weltraumteleskop, das heute noch tolle Bilder aus dem Weltall funkt, hat auch nur 2,5 m Durchmesser.

Das Spiegelteleskop auf dem Mount Wilson war 40 Jahre lang das größte der Welt.

Mit dem Rekordteleskop von 1917 beginnt auch die Geschichte unseres Helden: Edwin Powell Hubble (1889–1953), nach dem später das Hubble-Weltraumteleskop benannt wurde. Er nämlich war es, der auf dem Mount Wilson als Erster einzelne Sterne im Schleier des Andromedanebels fand. Aufregend war dieser Beweis nicht mehr, das ahnte man schon von den dunklen Linien der spektroskopischen Aufnahmen.

Hubble wollte etwas anderes: herausbekommen, wie weit diese Sternenansammlung von uns entfernt ist. Und nicht nur vom Andromedanebel wollte er das wissen, sondern von möglichst vielen anderen sogenannten Nebeln.

Entfernungen zu anderen Sternsystemen waren damals noch völlig unbekannt. Da gab es um 1920 scharfe Diskussionen: Drängen sich diese Nebel alle ganz nah um unsere

Edwin Powell Hubble, 1889–1953

Milchstraße? Dann sind diese Sternensysteme viel kleiner als unser eigenes, sozusagen kleine Satelliten unserer majestätisch herrschenden Galaxis. Oder sind sie so weit weg, dass wir sie als gleich groß und gleich mächtig wie unsere eigene Milchstraße ansehen müssen, als gleich große Welteninseln sozusagen?

Die meisten Astronomen glaubten noch, unsere Milchstraße sei etwas Besonderes, eine besonders große Sterneninsel im Weltall, viel größer als alle übrigen – so wie vor Kopernikus die meisten noch daran geglaubt hatten, dass die Erde etwas Besonderes sei, viel größer etwa als Sonne und Planeten. Doch Hubble und wenige andere waren überzeugt: Diese „Nebel" sind Welteninseln, nicht kleiner als unsere eigene.

Frage 11

Nehmen wir an, auf einer Wanderung mit deinem Freund schätzt du, dass ein einzelner Baum in der Landschaft etwa 300 m von euch entfernt ist. Du glaubst, dass er etwa 10 m groß ist. Dein Freund sagt dir aber, er weiß, dass ihr noch 900 m weit weg seid. Ist dann der Baum in Wirklichkeit kleiner oder größer als deine vorige Schätzung von 10 m?

Haben Galaxien Angst voreinander?

Von einer ganzen Anzahl wusste man schon: Sie kommen nicht auf uns zu, wie der Andromedanebel, sondern flüchten vor uns, die schnellsten mit bis zu 600 km/s. In einer Sekunde also von München bis Berlin! Geschwindigkeiten von uns weg oder auf uns zu sind viel leichter zu bestimmen als Entfernungen. Je schneller ein Stern von uns wegeilt, desto röter erscheint er uns oder genauer: Umso weiter sind seine dunklen Linien im Farbspektrum zu Rot verschoben. Das war seit einigen Jahrzehnten klar (siehe Kapitel 5). Bedeutete das vielleicht, dass alle Spiralnebel auseinanderfliegen? Das Problem faszinierte Hubble. Bläht sich vielleicht das ganze Weltall auf?

Tatsächlich begannen um 1925 auch die Theoretiker um Einstein, darüber zu diskutieren. Geht das Weltall vielleicht auseinander wie ein Kuchenteig? Die Rosinen darin wären dann die Galaxien, die sich immer weiter voneinander entfernen, nicht nur von uns, sondern alle voneinander. Stellen wir uns vor, der Kuchenteig bläht sich in zehn Minuten auf doppelte Größe auf, in 20 Minuten auf vierfache, in 30 Minuten auf sechsfache Größe. Dann sind auch zwei Rosinen darin zweimal, viermal, sechsmal so weit voneinander entfernt, sagen wir, statt einem Zentimeter jetzt 2, 4, 6 cm. Eine dritte Rosine aber, die von der ersten 4 cm entfernt war, wird bald 8, 16, 24 cm weggebläht. Es gilt ein einfaches Gesetz: Die Geschwindigkeit nimmt genau wie der Abstand der Rosinen zu. Obwohl sich der Teig gleichmäßig ausdehnt, werden die Rosinen, je weiter sie voneinander weg sind, anscheinend immer schneller, zweimal so schnell, wenn sie doppelt so weit weg sind, dreimal so schnell, wenn sie dreimal so weit weg sind, und so weiter.

Das Weltall bläht sich auf wie ein Rosinenkuchen.

Können wir das auch bei Galaxien beweisen? Das war die große Frage, die Hubble bewegte. Aber dazu musste er wissen, wie weit die Rosinen, sprich Spiralnebel, wirklich voneinander entfernt waren.

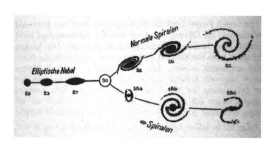

Hubbles Ordnungssystem

Zunächst stellte er fest, dass es sehr unterschiedliche Formen von Milchstraßen geben kann und als ordentlicher Astronom entwickelte er eine wunderschöne Gliederung. In Galaxien kannte er sich bald so gut aus wie wir im Alphabet und in unserer eigenen Milchstraße mit all ihren Sternverklumpungen, echten Nebeln und dunklen Wolken wanderte er mit seinem Riesenspiegel so leicht herum wie wir in unserer Heimatstadt. Schon 1926 zeigten die Rotverschiebungen, die er mit seinem Mitstreiter, Milton Humason, fand, dass Galaxien auch mit 3.000 km/s vor uns flüchten, manche sogar mit fast 20.000 km/s. Wenn seine Theorie stimmte, bewiesen die wahnsinnig schnellen Fluchtgeschwindigkeiten also, dass diese Galaxien viel weiter weg sein mussten als die vorher bekannten schnellsten Nebel mit „nur" 600 km/s. Doch wie weit waren sie denn nun wirklich entfernt?

1929 schließlich konnte er, das war der entscheidende Schritt, mit seinem weltbesten Teleskop den „Nebel" einiger fernerer Galaxien in einzelne Sterne auflösen. Sofort fand er Marker für seine Rechnungen: veränderliche Sterne, die berühmten Cepheiden der Henrietta Swan Leavitt (siehe Kapitel 6). Er verglich sie mit bekannten, natürlich viel helleren Cepheiden in unserer Milchstraße. Das ergab klipp und klar die Entfernungen der Galaxien. Bei einigen Welteninseln fand er allerdings keine veränderlichen Sterne. Da nahm er einfach an: Die hellsten Sterne dort sind vielleicht so hell wie die hellsten in den gerade berechneten Galaxien und wie die hellsten in unserer Milchstraße. Da sie aber unterschiedlich weit weg sind, erscheinen sie auch unterschiedlich hell. Nehmen wir an, die hellsten Sterne einer fernen Galaxie erscheinen uns 100-mal schwächer als die hellsten einer gerade berechneten Galaxie. Da aber alle diese Sterne laut Hubble etwa gleich hell sein sollten, war also die ferne Galaxie 100 x 100 = 10.000-mal weiter von uns entfernt (weil die Helligkeit quadratisch mit der Entfernung abnimmt).

Na, das war schon sehr ungefähr, aber in etwa stimmte es. Bei ein paar weiteren Galaxien musste er noch gewagter vorgehen. Als er nun die 24 gefundenen Entfernungen und die dazugehörigen Fluchtgeschwindigkeiten in ein Diagramm eintrug, stand plötzlich sein wunderbares Gesetz unmittelbar vor ihm, so wie es unser Kuchenteigmodell erklärt: Die Geschwindigkeiten der Galaxien wachsen tatsächlich genau wie ihre Entfernung. Das ist das Hubblegesetz. Die Hubblekonstante dazu gibt an, um wie viel schneller Galaxien werden, wenn sie weiter weg sind. Pro eine Million Lichtjahre Entfernung sollten sie um 150 km/s schneller werden.

Wie schnell fliegt das Weltall auseinander?

Allerdings, diese Hubblekonstante stimmte noch nicht. Sie zeigt uns umgedreht das Alter des Universums an. Bei Hubbles anfänglichen Werten kamen knapp zwei Milliarden Jahre heraus. Das konnte nicht stimmen, obwohl Einstein und viele Theoretiker ab 1930 Hubble begeistert feierten und selbst an dieser Ausdehnung des Weltalls herumrechneten. Warum? Man hatte damals aus der radioaktiven Strahlung der Erde ein Alter unseres Planeten von mindestens vier Milliarden Jahren ausgerechnet. Ungefähr zehn Jahre später wusste man auch, was der Brennstoff der Sterne ist: Wasserstoff, der zu Helium verbrannt wird. Daraus konnte man berechnen, dass unsere Sonne ebenfalls schon etwa vier bis fünf Milliarden Jahre hinter sich haben musste. Erde und Sonne konnten doch nicht älter als das ganze Weltall sein!

Wusstest du ...

Die Hubblekonstante:	Die umgedrehte Hubblekonstante:
Wie nimmt die Geschwindigkeit der Galaxien zu?	Wie alt ist das Universum?
Hubble 1929: pro eine Million Lichtjahre um rund 150 km/s	Hubble 1929: zwei Milliarden Jahre
heute: pro eine Million Lichtjahre um rund 25 km/s	heute: rund 14 Milliarden Jahre

Nun, das Hubblegesetz war richtig, aber die Hubblekonstante war falsch, rund siebenmal zu groß. Die Sache mit den Cepheiden-Markern klappte eben noch nicht richtig. Auch der Vergleich mit den hellsten Sternen musste korrigiert werden. Aus unserer modernen, etwa siebenmal kleineren Hubblekonstante folgt, dass die Welt umgekehrt, siebenmal älter als bei Hubble ist. Rund 14 Milliarden Jahre alt muss sie sein. Sonne und Planeten mit ihren vier Milliarden Jahren auf dem Buckel haben sich also recht spät in unserem Universum entwickelt. Weil die Konstante bei Hubble falsch war, stimmten auch seine Galaxienentfernungen nicht. Alle Welteninseln müssen viel weiter entfernt sein, als er glaubte.

Trotzdem, Hubbles Leistung ist bewundernswert. Er hat endgültig bewiesen, dass unsere Milchstraße kein Sonderfall ist. Es gibt unzählige andere, die mindestens genauso groß wie unsere Welteninsel sein müssen. Denn je weiter weg etwas ist, desto größer muss es in Wirklichkeit sein, selbst wenn es uns fürchterlich winzig erscheint. So sehen wir von einem hohen Berg herunter Bäume, Autos und Kühe als winzige Figürchen, obwohl sie doch in Wirklichkeit, direkt vor uns, bedrohlich groß sein können.

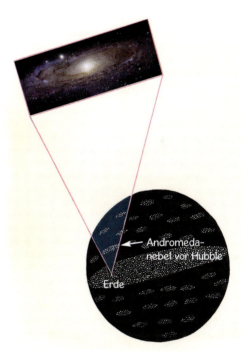

Hubble: Der Andromedanebel ist viel weiter weg und deshalb so groß wie unsere Milchstraße.

Der Andromedanebel, der sich uns nähert, ist übrigens wirklich eine Ausnahme. Er gehört zu unserer „lokalen" Gruppe von Galaxien, die sich alle gegenseitig anziehen, weil sie so relativ nah beieinanderstehen, nur ein paar bescheidene Millionen Lichtjahre voneinander entfernt. „Nahe" ist für Astronomen etwas anderes als

Die Flucht der Spiralnebel

Heute können wir sogar Galaxien sehen, die zwar von uns wegrasen, aber aufeinander zueilen oder sogar schon zusammengestoßen sind.

für uns normale Erdenwürmer. Aber diese Nähe reicht eben für Andromedagalaxie und unsere Milchstraße, um sich stark genug anzuziehen und aufeinander zuzueilen. Die weiter entfernten Galaxien – manche sind Milliarden Lichtjahre entfernt – rasen alle von uns weg, mit 20 % und mehr der Lichtgeschwindigkeit. Korrekt gesagt: Sie rasen nicht von uns weg. Wir haben keinen besonderen Platz im Weltall. Alle Galaxiengruppen oder -haufen entfernen sich voneinander. Denken wir an den Kuchenteig! Der Weltraum selbst bläht sich auf, wie die Oberfläche eines Luftballons, den wir aufblasen.

Experiment

Klebe auf einen nur ganz schlaff aufgeblasenen Luftballon zehn bis 20 Papierscheibchen aus dem Locher, manche eng zusammen, andere etwas weiter voneinander entfernt. Das sollen unsere Galaxien im ganz frühen noch „runzligen" Universum sein. Jetzt blase den Ballon weiter auf. Die Oberfläche des Luftballons, unser Weltall, dehnt sich weiter aus. Die kleinen Galaxien entfernen sich voneinander, umso schneller, je weiter sie schon voneinander weg sind – obwohl du doch ganz konstant bläst.

Und warum bläht der Weltraum sich auf? Gab es vielleicht irgendwann einen Urknall vor diesen 14 Milliarden Jahren? Das wurde nun schon vermutet, aber lange glaubte niemand so richtig daran.

10. Das Echo des Urknalls

Was wäre gewesen, wenn doch Taubenmist in der großen Radioantenne von Arno Penzias und Robert Wilson das seltsame Rauschen von allen Seiten erzeugt hätte? Dann würden wir heute vielleicht immer noch nicht an den Urknall glauben. Nein, so entscheidend wären ein paar Tauben nicht gewesen ... 1965 entdeckten die beiden jungen Physiker ein seltsames Rauschen von allen Seiten des Himmels. Diese sogenannte kosmische Hintergrundstrahlung half der Urknalltheorie entscheidend auf die Beine, die vorher lange Zeit von den Astronomen sehr skeptisch beäugt worden war. Da das Weltall mit Riesengeschwindigkeiten auseinanderflog (siehe Kapitel 9), konnte man sich zu Beginn eine gewaltige Explosion vorstellen. Von dieser Explosion musste ein Nachglühen bis in unsere Zeit übrig geblieben sein, wie man kurz nach dem Zweiten Weltkrieg ausrechnete. Doch vor der Entdeckung von Penzias und Wilson glaubte höchstens ein Drittel aller Astronomen an solch einen Beginn des Universums. Die meisten anderen waren überzeugt, dass alles schon immer bestanden hatte, sich natürlich ausdehnte, dann aber vielleicht wieder zusammenzog und wieder ausdehnte und so weiter.

Robert Wilson, geb. 1936 und Arno Penzias, geb. 1933

Wie sah der Urknall wohl aus?

Können Sterne aus dem Nichts entstehen?

In der Tat, musste das Weltall unbedingt aus einer einzigen großen Explosion entstanden sein? Musste es überhaupt eine Explosion gegeben haben? Einige englische Astronomen, darunter Fred Hoyle, ein berühmter Kosmologe, glaubten, eine neue Lösung für diese Frage zu haben: Das Weltall dehnt sich zwar immer weiter aus und müsste dadurch eigentlich immer leerer werden. Doch gleichzeitig entstehen neue Gaswolken, Sterne und Milchstraßen, praktisch aus dem Nichts, die die entstehende Leere ausfüllen. Es bleibt also letztlich alles so ähnlich, wie es schon immer war.

Drei große Probleme versiebten aber vielen diese schöne Theorie:

1. Wie können ständig neue Gaswolken, Sterne und Milchstraßen aus dem Nichts entstehen? Materie kann nur aus Materie selbst – oder aus Energie – entstehen. So wissen wir, dass neue Sterne aus schon vorher vorhandenen Sternen oder aus Gasnebeln geboren werden. Große alte Sterne explodieren als Supernovae. Die explodierte Materie bildet zusammen mit Gasnebeln und Staubwolken im Weltall wieder weitere Sterne. Aus dem Nichts kann also nichts entstehen. Nun gut, aber ein Urknall am Anfang des Weltalls entsteht ja auch irgendwie aus dem Nichts! Die Frage, was vor dem Urknall war, kann uns noch heute kein Wissenschaftler beantworten.

2. Wenn wir immer weiter mit unseren Teleskopen ins Weltall hinausblicken, schauen wir in die Vergangenheit zurück. Wenn wir zum Beispiel eine Milliarde Lichtjahre tief in das Weltall blicken, sagen wir auf eine ferne Galaxie, hat das Licht von dieser Galaxie eine Milliarde Jahre ge-

braucht, bis wir es sehen können. Das, was wir sehen, ist also vor einer Milliarde Jahre geschehen. Zu dieser Zeit müsste aber, nach der Konstanttheorie des Weltalls, alles genauso ausgesehen haben wie heute. Tut es aber nicht, wie man kurz vor der großen Entdeckung von Penzias und Wilson feststellte. So gab es zum Beispiel weit zurück im Leben unseres Weltalls Radiomonster, die ungeheuer stark strahlten, wie eine ganze Milchstraße auf einmal. Sie wurden 1962 entdeckt. Man nennt sie quasistellare Radioobjekte, kurz Quasare (quasi ist lateinisch und heißt: gewissermaßen) – man konnte sie gewissermaßen als Sterne betrachten, so konzentriert von einem kleinen Fleck im Weltall wurde die Strahlung ausgesandt. Ein Jahr später wurde klar: Das mussten riesige Schwarze Löcher in Zentren von Galaxien sein. Es gab nichts dergleichen in der näheren Umgebung unserer Milchstraße. Diese Quasare waren alle unheimlich weit entfernt, das heißt also auch, Milliarden Jahre zurück im Leben des Weltalls. Das Weltall sah also damals sicher anders aus.

Die Strahlung von Quasaren ist gewaltig. Sie sind von allen Objekten im Weltall am weitesten von uns entfernt – bis zu Milliarden Lichtjahren.

Wusstest du ...

Heute kennen wir Quasare, die mehr als 13 Milliarden Lichtjahre von unserer Milchstraße entfernt sind. Ihr Licht, das wir jetzt sehen, begann seine lange Reise nur ein paar Hundert Millionen Jahre nach dem Urknall.

3. Auch das dritte Problem war von dieser Theorie eines konstanten Weltalls nicht zu knacken: Man fand viel zu viel Helium überall. Helium entsteht als „Asche" der leuchtenden Sterne. Wasserstoff wird im Laufe eines Sternenlebens zu Helium verbrannt. Die riesigen Mengen Helium im All konnten nicht nur in Sternen entstanden sein. Wie wurde Helium außerhalb von Sternen produziert?

Um 1950 hatte schon ein amerikanischer Physiker, George Gamow, zusammen mit seinen Schülern den Urknall als Lösung für das Helium-Problem vorgeschlagen. Am Beginn unseres Universums sollte es ein superheißes Inferno gegeben haben, in dessen riesigen Temperaturen zunächst nur einfache Atomteile existieren konnten. Daraus entstand schließlich das einfachste Element Wasserstoff und daraus wiederum Helium – bevor es irgendwelche Sterne gab. Ein paar Hunderttausend Jahre nach dem Urknall soll schließlich eine 3.000 °C heiße Strahlung nach allen Seiten weggejagt sein. Durch die Ausdehnung des Weltalls in den Milliarden Jahren bis heute dehnten sich auch alle Wellen aus dieser Zeit aus, also auch die Energiewellen dieser frühen Strahlung. Und wenn Wellen immer länger werden, sinkt nach Einstein ihre Energie, also auch die Temperatur der Strahlung, sodass sie heute nur noch rund 3 °C über dem absoluten Nullpunkt sein dürfte. Das ist eigentlich fast gar nichts mehr! Absoluter Nullpunkt heißt etwa -273 °C. Da ist

Superkaltes Weltall aus heißem Urknall

alles total eingefroren, kein Atom bewegt sich mehr, alles ist absolut superkalt. Kälter geht es nicht mehr. Und die Strahlung, die man vom Urknall erwartete, war gerade mal ein paar Grad darüber.

> Die Konstanttheoretiker nannten diese Vorstellung eines Hölleninfernos am Anfang des Weltalls verächtlich einen „Big Bang" – einen „Großen Knall". Vielleicht so, wie wir sagen: „Du hast ja einen Knall." Sie ahnten nicht, dass dieser Knall schon bald in jeder Zeitung stehen sollte.

Wusstest du ...

Allerdings, auch die Urknalltheorie hatte Haken. Zum Beispiel konnte sie nicht erklären, wie schwerere Elemente als Helium – das ist fast alles, was wir auf der Erde kennen – überhaupt ins Weltall kommen konnten. Nun, man war nicht zimperlich und schluckte einfach ein Stück der feindlichen Theorie: Die erklärte, dass schwere Elemente in den zahllosen Hochtemperaturfabriken des Weltalls, den Sternen also, erzeugt werden. Schwere Elemente entstanden also erst im Kosmos, als die ersten Sterne aus Wasserstoff (und seiner Asche Helium) zusammengebacken waren. Das war in der Tat richtig.

Da gab es jedoch ein größeres Problem für die Big-Bang-Theorie: Das Weltall durfte damals höchstens zwei Milliarden Jahre alt sein. So hatten das die Astronomen aus der Flucht der Milchstraßen ausgerechnet. Doch schon Erde und Sonne mussten einige Milliarden Jahre älter sein. Das wissen wir aus Kapitel 9. Auch das wurde geklärt: Die Entfernungen aller Galaxien untereinander waren viel größer, als man bis dahin glaubte. Also musste auch der Big Bang, der Urknall, wenn es ihn gegeben hatte, viel weiter zurück-

Der Urknall vor 14 Milliarden Jahren und die Entwicklung des Weltalls

liegen, viele Milliarden Jahre. Erde und Sonnensystem waren in der Tat erst viel später entstanden.

Niemand jedoch von den sich hitzig bekämpfenden Wissenschaftlern kam zunächst auf die Idee, nach der Strahlung des Physikers Gamow zu suchen, die als Nachglut des Urknalls der direkte Beweis sein konnte. Aber sie hatte ja nur eine Energie von 3 °C über dem absoluten Nullpunkt – sehr schwierig nachzuweisen. Vielleicht setzte deshalb keiner der Wissenschaftler so etwas auf sein Forschungsprogramm.

Penzias und Wilson kannten diesen hitzigen Streit nicht. Sie wollten Radiostrahlung aus unserer Milchstraße untersuchen und kümmerten sich nicht um seltsame kosmologische Ideen über den Anfang des Universums. Und ihre Arbeitgeber hatten noch viel weniger Interesse daran. Das war der größte amerikanische Telefonkonzern, der in den 1960er-Jahren ein ganz großes Geschäft vor Augen hatte: die Übertragung von Fernsehen mit Satelliten am Himmel, quer über alle Erdteile. Der erste Fernsehsatellit überhaupt

wurde damals gestartet und man brauchte sehr empfindliche Antennen, um die schwachen Signale dieser kleinen Burschen aufzufangen und zu verstärken. Den Europäern, die da mitmachen sollten, traute die amerikanische Firma nichts zu; sie baute deshalb eine eigene superempfindliche Antenne in Holmdel/New Jersey, um Fernsehsatellitensignale zu testen, und stellte zwei Physiker, Penzias und Wilson, dafür ein. Aber dann waren die Europäer doch rechtzeitig und gut dabei – die Antenne wurde eigentlich unnötig.

So schlug die große Stunde der beiden Forscher. Nun durften sie ihre Milchstraße beobachten – mit der empfindlichsten Antenne der Welt. Sie konnte in der Tat auch Radiostrahlung im Mikrowellenbereich – die wir heute von unseren Mikrowellenherden kennen – von nur einigen Grad über dem absoluten Nullpunkt messen.

Die zwei Physiker mussten zunächst alle möglichen Störquellen finden, denn Radiostrahlung gab es natürlich von allen Seiten – von Radiosendern der Erde, aber auch von Radioquellen weit außerhalb der Milchstraße. Als sie nun Schritt für Schritt jede unerwünschte Störung dingfest machten, um sich endlich auf ihre ersehntes Ziel zu konzentrieren, fanden sie eine Strahlung, die unerklärlich blieb. Sie entsprach einer Temperatur von etwa 3 °C über dem absoluten Nullpunkt und kam ganz gleichmäßig von allen Seiten, nicht etwa von verschiedenen Stellen des Himmels oder verschiedenen Radiosendern der Erde. Gleichgültig, ob man den Tag- oder

Die Messanlage von Wilson und Penzias im Deutschen Museum – mit ihr wurde der Urknall bewiesen!

den Nachthimmel absuchte und natürlich unabhängig von ihrem gewünschten Forschungsobjekt, der Milchstraße.

Die beiden klapperten alle Bleche und Schrauben in ihren Apparaten ab, ob nicht doch irgendwo ein Fehler vorlag, drehten jeden Hebel um und krochen wieder und wieder in ihr großes Antennen-„Ohr", das an die Messanlage angeschraubt war, ob da nicht irgendein kleiner Taubendreck ärgerlicherweise Strahlung vortäuschte. Sorgfältig mussten sie Taubenmist abreiben und auskratzen. Für Tauben schien die riesige Antenne ein äußerst attraktives Zuhause zu sein. Seltsam eigentlich, beim Drehen der Antenne in alle Himmelsrichtungen muss es den Vögeln doch schwindlig geworden sein – vielleicht gerade deshalb der viele Taubendreck.

Nichts konnte die unerklärliche Strahlung zum Verschwinden bringen. Aber wo kam sie nur her? Eines Tages schließlich telefonierten die Wissenschaftler mit zwei Anhängern der Urknalltheorie, die nur einige Kilometer entfernt gerade dabei waren, selbst eine Antenne zu bauen. Sie wollten die kalkulierte Strahlung aus den Babyjahren des Weltalls finden, den Beweis für ihre Theorie! Vielleicht sogar den Nobelpreis wert! Welch eine Überraschung, vielleicht auch welch eine Enttäuschung, als sie beim Telefonieren mit Penzias und Wilson feststellen mussten, dass da zwei Kollegen, die von all den wunderbaren Diskussionen um

Kosmos und Urknall nicht die geringste Ahnung gehabt hatten, das Echo des Urknalls gerade gefunden hatten! Den Beweis, dass das Weltall vor solch wahnwitziger Zeit von einigen Milliarden Jahren in einem riesigen Feuerball geboren worden war (siehe auch S. 150)!

Und wie das Schicksal so ungerecht weiterspielt: Nur Penzias und Wilson bekamen im Jahr 1978 den Nobelpreis, keiner von den Theoretikern, die das doch schon vorhergesagt hatten. Mit der Nase darauf gestoßen sind in der Tat als Erste die beiden Radiostrahlungsphysiker. Aber hätten sie diesen unerklärlichen „Dreckeffekt" wirklich für voll genommen, wenn ihre theoretischen Kollegen das nicht schon so lange hin- und hergewälzt und nun so begeistert aufgenommen hätten?

Der Urknall – zufällig entdeckt!

11. Pulsare – Leuchtfeuer im All

Jocelyn Bell, geb. 1943

1974 erhielt der englische Wissenschaftler Antony Hewish eine Hälfte des Nobelpreises für Physik. Geehrt wurde er für die Entdeckung der Pulsare. Das Verwunderliche daran: Er war gar nicht der Entdecker. Eigentlich war es die junge Wissenschaftlerin Jocelyn Bell, die den Pulsaren auf die Spur gekommen war. Warum hat Jocelyn Bell nicht ein Stück des Nobelpreises von 1974 bekommen? Erzählen wir der Reihe nach.

Von Sternen kommt nicht nur sichtbares Licht zu uns, sondern auch unsichtbares: zum Beispiel Infrarot, also Wärmestrahlung, oder Ultraviolett. Das UV-Licht der Sonne knallt uns den gefährlichen Sonnenbrand auf die Haut; es hat etwas kürzere Wellen als die Farbe Blauviolett. Infrarotwellen sind länger als die Wellen der Farbe Rot. Daran anschließend gibt es noch längere Wellen, die Mikrowellen, und dann kommen alle Radiowellen. Mikrowellenradar und Radiosender gibt es also nicht nur auf der Erde, sondern auch im Weltall. Aus dem Kosmos kommen sogar Wellen, die noch viel kürzer und gefährlicher als ultraviolettes Licht sind: Röntgenstrahlen und Gammastrahlen. Aber die werden, Gott sei Dank, durch die Lufthülle unserer Erde abgeschirmt. Nur mit Raketen oder Satelliten weit über der Erde kann man sie einfangen.

Viele Radiowellen aus dem All prasseln dagegen ziemlich ungehindert auf unsere Erdoberfläche. Wenn wir sie alle in unseren Radioempfängern hören könnten, gäbe es ein ziemlich langweiliges Rauschen, das anschwillt und wieder leiser wird, wenn konstante Radiosender am Himmel hochsteigen und wieder untergehen. 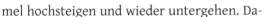 Dazwischen würden wir knackige Ausbrüche unserer Sonne und anderer geheimnisvoller Himmelssender hören, dazu das regelmäßige Piepsen oder Brummen vieler Pulsare, wie Zeitzeichen von unbekannten Weltraumstationen – leider ohne dass anschließend tolle Musik folgt.

Die ersten Radiowellen aus dem Weltall wurden schon vor dem Zweiten Weltkrieg entdeckt. Aber erst danach begann die Radioastronomie als Wissenschaft. Natürlich sind Fernrohre dafür unbrauchbar. Man nimmt Antennen, möglichst große, damit man exakt messen kann, aus welcher Ecke des Weltalls genau es strahlt. Je genauer man das weiß, umso eher kann man, jetzt wieder mit Lichtteleskopen, vielleicht den Stern finden, der diese geheimnisvolle Radiobotschaft aussendet. Unsere irdischen Radiosender, die kreuz und quer über die Erde funken, stören diese Weltraumsignale. Das ärgerte die neuen Radioastronomen gewaltig. Deshalb wurden viele ihrer Antennen zwischen Berge und in Talsenken gebaut. Da kann der Wellensalat der Erde nicht so stark hineinfunken.

Wusstest du ...

Noch heute berühmt ist das riesige Radioteleskop in der Eifel bei Bonn. Es ist so groß wie ein ganzes Fußballfeld und kann nach allen Seiten frei geschwenkt werden. Das Effelsberger Radioteleskop ist das zweitgrößte bewegliche Radioteleskop der Welt.

Das supergroße Radioteleskop in der Eifel – als Modell im Deutschen Museum

Doch es gibt auch Wellensalat aus dem All, der stört. Vor allem der Sonnenwind erzeugt solche Störungen. Es sind elektrisch geladene Atomteilchen, die bei gewaltigen Gas- und Radioausbrüchen der Sonne von ihr weggeschleudert werden. Sie schießen in den Raum zwischen den Planeten und senden bei ihrer rasenden Bewegung Radiowellen aus. Damit stören sie die Radiowellen aus dem tieferen Weltall. Die fangen an, hin und her zu rauschen, zu flimmern. Radiosender aus dem Weltall können flimmern, so wie Sterne im sichtbaren Licht flimmern, wenn wir sie am Abend durch unsere Lufthülle hindurch betrachten. Die Luft zittert hin und her und das Licht kleiner Punkte am Himmel, wie es Sterne sind, wird deshalb ebenfalls hin und her geschüttelt. Genau das gilt also auch für Radioquellen, falls sie sehr kleine Punkte am Himmel sind. Ein Problem für genaue Messungen also.

Man kann sich das aber auch zunutze machen, wenn man gerade kleine punktförmige Radioquellen sucht. Alles was besonders stark flimmert, sind dann genau die gesuchten Radiopunkte. Solche Radio-„Punkte" hatte man schon 1962 entdeckt. Man nannte sie Quasare (quasistellare Radioobjekte). Es sind Radioquellen im Zentrum von Galaxien, die irrsinnig weit weg im All stehen und unglaubliche Mengen Energie, vor allem als Radiostrahlung, ins Weltall schleudern, 1.000-mal mehr als unsere ganze Milchstraße (siehe auch Kapitel 10 und 12). Im Sommer 1967 wollten die Radioastronomen in Cambridge, England, weitere Quasare suchen. Sie konstruierten dazu eine Antenne, die das Hin- und Herflimmern von Radiopunkten besonders gut „hören" konnte. Es war keine einzelne Antenne, sondern ein ganzes Antennenfeld, so groß wie zwei Fußballfelder. Ein Feld kann man natürlich nicht bewegen wie ein richtiges Teleskop. Aber die Erde dreht sich, sodass ein großer Teil des Himmels an solchen Antennen vorbeizieht, immer wieder der gleiche Teil, 24 Stunden lang.

Jocelyn Bell war damals gerade 24 Jahre alt. Sie sollte nun, das war ihre Doktorarbeit, mit dieser Antenne nach neuen Quasaren suchen. Wenn das jetzt ein Außerirdischer beobachtet hätte, er hätte sicher sein Geld darauf verwettet, dass sie Pulsare entdecken würde!

Und so war es auch. Jeden Tag spuckten die Apparate, die Jocelyn an die Antennen angeschlossen hatte, etwa 30 Meter lange Papierstreifen aus, auf denen alle er-

Jocelyn Bells Antennenfeld

Alle vier Tage 120 m Papierstreifen

lauschten Signale aufgezeichnet waren. Ungefähr alle vier Tage ging Jocelyn Bell die hin und her zitternden Strichlein auf den Papierstreifen durch. Eigentlich eine ziemlich nervige Arbeit – Striche rauf und runter und nochmals Striche. Wenn man nicht unermüdlich konzentriert blieb und sorgfältig alles, wirklich alles, verglich, ging einem vielleicht ein Quasar durch die Lappen. Nach ein paar Wochen war sie schon so geschickt, dass sie alles schnell und richtig unterscheiden konnte, zitternde Störungen des irdischen Radiosalats, Himmelsstörungen, auch das Flimmern der Quasare. Sie fand in der Tat eine ganze Anzahl solcher flimmernder Himmelspunkte.

Doch weil sie so sorgfältig all die langweiligen Strichbotschaften las, fiel ihr plötzlich eine kleine Störung im Himmelsrauschen auf, die nicht wie ein irdischer Radiosender, aber auch nicht wie ein Quasar oder sonst eine bekannte Himmelsradioquelle aussah. Das ist schon bewundernswert. Wenn man heute diese ersten Störungen anschaut, fällt einem fast nichts Besonderes auf. Oder doch? Richtig, die Strichlein der unbekannten Störstelle (links) gehen mehr nach oben, im Gegensatz zu der Jocelyn Bell wohlbekannten irdischen Quelle (rechts). Jocelyn erinnerte sich, diese Störbotschaft schon einmal gesehen zu haben, ohne dass sie ihr weiter aufgefallen war. Das ist lobenswert an einem Wissenschaftler: Selbst wenn man etwas nebensächlich findet, sollte man es, wenigstens halb bewusst, speichern. Es könnte ja wichtig werden.

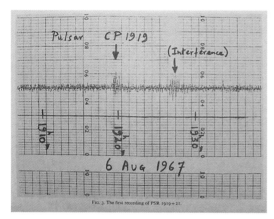

Das erste seltsame Signal, das Jocelyn Bell fand (CP 1919)

Das zweite Mal nun sah Jocelyn diese Strichlein schon als wichtiger an. Sie sprach mit ihrem Chef darüber. Auch der wunderte sich und gab ihr auf, das seltsame Flimmern auf jeden Fall zu untersuchen. Erst ein paar Monate später hatte sie Zeit dazu. Auch das ist vernünftig in der Wissenschaft: Aufgaben zu Ende führen, aber gerade kleine Abweichungen vom Erwarteten nicht unbesehen in der Ecke versauern lassen. Und Jocelyn hätte auch private Gründe gehabt, einiges in der Ecke stehen zu lassen: Sie wollte bald heiraten.

Im November 1967 suchte sie erneut nach diesem seltsamen Flimmern und fand es wieder. Es kam eindeutig aus dem Weltall und nicht von der Erde. Denn genau nach 24 Stunden war es wieder da, wenn die gleiche Himmelsstelle über ihrem Antennenfeld vorbeiwanderte. Um das Signal genauer anzusehen, musste sie das Auf und Ab der Papierstriche weiter auseinanderziehen. Im Prinzip ist das ganz einfach: Man lässt den Papierstreifen schneller laufen, dann zeichnet der Stift alle Schwankungen darauf in größeren Abständen auf.

Und da fand sie etwas ganz und gar Überraschendes: Die einzelnen Ausschläge des Stifts schrieben zwar unterschiedliche Zacken auf das Papier, aber der Abstand zwischen jedem Zacken – das wäre also jedes Mal ein Ton in unserem Radio – war genau gleich, wie ein Zeitzeichen,

So zieht man eine Messkurve auseinander.

Das auseinandergezogene Signal: alle $1^{1}/_{3}$ Sekunden ein Piepston aus dem All

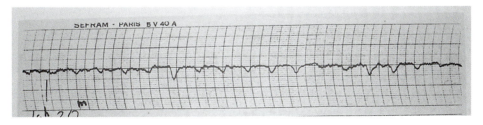

exakt 1¹/₃ Sekunden. Radiosender bei uns piepsen im Ein-Sekunden-Abstand. Aber wenn das eventuell kleine grüne Männchen auf fernen Sternen waren, hätten sie sicher andere Zeiteinheiten als unsere Sekunde. Im Spaß nannten die Wissenschaftler in der Tat diese geheimnisvolle Quelle zunächst, auf Englisch, LGM 1, Little Green Men 1. Das war natürlich eine sensationelle Vermutung und wäre eine tolle Schlagzeile für jede Zeitung gewesen: „Intelligente Lebewesen von fernen Planeten senden Radiostrahlung aus!" In einigen Stunden hätte das die ganze Welt gewusst.

Doch Jocelyn Bell entdeckte noch drei weitere „Zeitzeichen" an ganz anderen Stellen des Himmels. So viele intelligente grüne oder blaue oder rote Männchen auf einmal konnte es wohl nicht geben. Außerdem, wenn Signale von einem fernen Planeten kommen, der sich um seine Sonne dreht, verändern sie sich im Rhythmus der Planetenbahn (siehe Kapitel 5). Diesen „Dopplereffekt" konnte man hier nicht finden, so sorgfältig man die Signale auch untersuchte.

„Achtung, Erde ..."

Frage 12
Wie hätten sich die Zacken verschieben müssen, wenn sie von einem Planeten gekommen wären?

Es mussten Sterne sein, die da so regelmäßig piepsten. Pulsare nannte man sie, weil man wirklich an pulsierende Sterne glaubte, die sich fast im Sekundentakt aufblähten und wieder zusammenzogen und dabei Strahlung wegschossen.

Aus kleinen Veränderungen der Signale des ersten Piepsens konnte man sogar berechnen, dass dieser Stern nicht größer als etwa 5.000 Kilometer sein konnte. Sterne sind normalerweise viel größer. Unsere Sonne gehört nicht zu den Riesen im All und ist schon eine Kugel von 1,4 Millionen Kilometer Durchmesser. Selbst die kleinsten Sterne, die man damals kannte, die Weißen Zwerge, Sterne am Ende ihres Lebens, waren noch 10.000 bis 20.000 km groß – so etwa wie unsere Erde.

Das war aufregend. Kein Wunder, dass während des ersten Vortrags, in dem die Radioastronomen über ihre seltsame Entdeckung in Cambridge berichteten, manche Köpfe heiß liefen. Fred Hoyle, der hartnäckige Gegner der Urknalltheorie (siehe Kapitel 10), saß auch dabei und erinnerte sich plötzlich: Da gab es doch in den 1930er-Jahren schon Knobeleien, es könnte noch kleinere Sterne geben. Sie sollten Überbleibsel von gewaltigen Sternexplosionen sein. Solche Sternexplosionen, so hatte man inzwischen ausgerechnet, erleben viel größere Sterne als unsere Sonne kurz vor dem Ende ihres Lebens: Die Explosionswolke strahlt dabei ein paar Wochen lang so hell wie eine ganze Milchstraße. Wir sehen das auf Erden als einen scheinbar neuen Stern, eine Supernova. Die Wolke selbst stiebt schnell nach allen Seiten auseinander. Im Zentrum dagegen wird durch den Rückschlag der Explosion ein Sternrest von vielleicht 20 oder 30 Kilometer Durchmesser aus puren Neutronen zusammengepresst.

Wusstest du ...

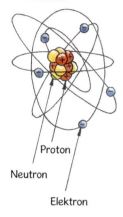

Atommodell

Proton
Neutron
Elektron

> Atome bestehen aus einem positiv geladenen Atomkern, der bis zu ein Billionstel Millimeter klein sein kann und negativen Elektronen, die in 1.000- bis 100.000-fach größerem Abstand darum herumkreisen. Der klitzekleine Atomkern besteht aus Protonen und Neutronen. Nur die Protonen sind positiv geladen. Die Neutronen sind, wie der Name sagt, elektrisch neutral.

Kaum jemand, so erinnerte sich Fred Hoyle auch, hatte diese Idee so richtig weitergedacht. Denn diese Sternreste waren anscheinend nicht zu beobachten. Also uninteressant. Konnte es sein, dass Jocelyn Bell diese Hirngespinste jetzt, ganz unerwartet, gefunden hatte?

Nach einem Jahr schon wurde diese goldene Idee bestätigt, von einem Amerikaner mit dem richtigen Namen, Thomas Gold. Es sollten in der Tat Neutronensterne sein. Als zusammengepresste Reste von Riesenexplosionen drehen sie sich wahnsinnig schnell, z. B. in $1\,^1/_3$ Sekunden einmal um ihre Achse. So wie eine Eistänzerin mit ausgebreiteten Armen eine langsame Drehung beginnt, doch wenn sie die Arme plötzlich heranzieht, in eine wirbelnde Pirouette gerät, so wird aus der langsamen Drehung des Riesensterns die schnelle Rotation des Sternrestes, wenn er auf 20 bis 30 Kilometer zusammengedrückt wird. Solche zusammengepressten Sternreste sind auch wahnsinnig schwer. Ein Fingerhut davon würde auf der Erde so viel wie ein ganzer Berg wiegen (falls man das überhaupt wiegen könnte). Da kann selbst das schon fürchterlich zusammengepresste Gas eines Weißen Zwergs nicht mithalten.

Neutronensterne sind außerdem unglaublich gewaltige Magnete, eine Billion Mal stärker als unsere Erde. Auch dieses riesige Magnetfeld ist durch die Schrumpfung des Sterns so mächtig geworden. Von den Moloch-Magnetpolen des Neutronensterns werden Elektronen aus der Oberfläche des Sterns herausgerissen und prasseln wieder auf diese Pole nieder. Dabei erzeugen sie die Radiostrahlung, die wir messen. Sie geht also nur von den Polen aus. Weil diese Magnetpole ein Stück neben den Drehpolen liegen (auch bei der Erde liegen die geografischen und die magnetischen Pole ziemlich weit auseinander), drehen sie sich mit dem Neutronenstern rasend schnell herum, in $1^{1}/_{3}$ Sekunden oder noch schneller. Die schnellsten Neutronensterne, die wir heute kennen, sind sogar noch 1.000-mal schneller. Mit diesen Polen drehen sich auch die Radiostrahlen, die von dort ins Weltall jagen. Und nur in einem kurzen Zeitmoment, z. B. alle $1^{1}/_{3}$ Sekunden, können sie die Erde treffen – und machten einen kleinen Zacken auf Jocelyn Bells Papierstreifen. Pulsare sind also gar keine Pulsare, sondern Leuchtfeuer im All, wie unsere Leuchttürme an der Meeresküste, von denen aus ein Lichtstrahl regelmäßig über das dunkle Meer streicht, um Schiffen den Weg zu weisen. Der Name ist ihnen aber trotzdem geblieben.

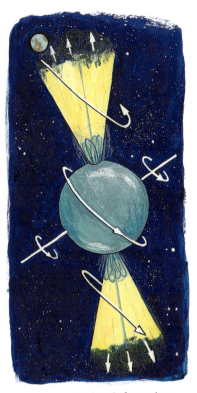

Das Leuchtfeuer eines kreiselnden Pulsars trifft die Erde in regelmäßigen Abständen.

Zwei Jahre später fanden Astronomen in der Explosionswolke einer berühmten Supernova, dem sogenannten Krebsnebel, genau in seiner Mitte, einen solchen Pulsar – mit einer raffinierten Methode sogar im sichtbaren Licht. Er braucht für eine Umdrehung nur drei hundertstel Sekunden. In dieser Zeit kommt ein 100-Meter-Weltklasseläufer gerade einmal 30 Zentimeter weit! Die Superexplo-

Der Krebsnebel – auch in seinem Zentrum steht ein Pulsar.

sion des ehemaligen Sterns hatten übrigens chinesische Wissenschaftler vor fast 1.000 Jahren beobachtet und aufgezeichnet. Das war also der endgültige Beweis: Solche Sterne sind wirklich Reste von Sternkatastrophen, zu unvorstellbarer Dichte zusammengebackene Neutronenasche.

Und warum hat Joceyn Bell nicht einen Teil des Nobelpreises bekommen? Sie war sicherlich sehr enttäuscht. Aber deutlich hat sie das nie gesagt. Was blieb ihr auch übrig in einer Männerwissenschaftler-Welt, könnte man sagen. Nach ihrer Heirat 1968 und der Geburt ihres Sohnes konnte sie nicht mehr so viel forschen. Sie schrieb weniger Aufsätze als ihre männlichen Kollegen. So wurde sie wahrscheinlich von den Preisrichtern einfach übersehen. Übrigens hat auch Herr Gold keinen Anteil bekommen – weil meist nur die Entdeckung geehrt wird, nicht unbedingt eine, wenn auch noch so wichtige Erklärung dazu.

12. Das Herz der Milchstraße – ein hungerndes Schwarzes Loch

Wer wäre nicht gerne mal unsichtbar? Mit einer Tarnkappe wie im Märchen. Tatsächlich, moderne Physiker versuchen, solche Tarnkappen zu konstruieren, die alles Licht sorgsam um diesen Zauber herumbiegen. Gäbe es so etwas schon zu kaufen, wir könnten uns in so einem Tarnkappenanzug ins Zimmer stellen und man würde „durch" uns hindurchsehen. Das Licht von einem Stuhl oder Schrank oder Bild hinter uns würde einfach um unseren Körper herumgebogen. Solche Tarnkappen gibt es tatsächlich, aber leider noch nicht auf der Erde, nur im Weltall. Sie heißen Schwarze Löcher. Wenn wir in so ein Loch springen könnten, wären wir unsichtbar (Genaueres dazu findest du auf S. 149/150) – leider auf immer und ewig. Wir könnten nicht mehr zurück. Schwarze Löcher geben nichts mehr her, was sie einmal verschluckt haben. Sie sind richtige Monster.

Das Schwarze Loch in unserer Milchstraße kann man nicht sehen.

Riesensterne zum Beispiel können als solche Monster enden. Die sind dann nur noch ein paar Kilometer groß. Im Herzen aller Galaxien, so glaubt man heute, gibt es dagegen viel riesigere Schwarze Löcher, die alle völlig unsichtbar sind und doch alles verschlingen, was ihnen zu nahe kommt.

Das Herz der Milchstraße – ein hungerndes Schwarzes Loch

In unserer eigenen Galaxie, der Milchstraße, hockt mitten im Zentrum, ungefähr 26.000 Lichtjahre von uns entfernt, solch ein Ungeheuer. Es ist etwa fünfzehn Millionen Kilometer dick. Das ist im Weltall nicht unbedingt ein Rekord! Schon unsere Sonne, das wissen wir, ist 1,4 Millionen Kilometer dick. Aber dieses Schwarze Loch hat es in sich, ganz wörtlich, nämlich gut vier Millionen Sonnenmassen. So viele stecken in diesem Ungeheuer, obwohl es doch nur elfmal so dick wie unsere Sonne ist. Es ist unvorstellbar schwer.

Das Milchstraßenloch hungert allerdings. Zwar rasen dort Sterne herum, sie stoßen zusammen, explodieren, wirbeln Gase herum und spucken Millionen Kilometer lange Sturmböen aus. Aber sie halten geschickt Abstand – und die riesigen Sturmböen werden wahrscheinlich nach außen weggeblasen. Jedenfalls saugt unser Schwarzes Loch nur so alle 10.000 Jahre oder noch seltener eine weitere Sonnenmasse, als einzelnen Stern oder als Gas, zu sich heran und verschluckt alles wie ein Weltallkrokodil. All das wissen wir erst seit ein paar Jahren genauer. Es ist eine besonders spannende Entdeckungsgeschichte, mit den größten Teleskopen unserer Gegenwart, den besten Instrumenten und fast einer ganzen Armee von Infrarotastronomen, Radioastronomen und Physikern aus Deutschland und der Welt.

Was ist überhaupt ein Schwarzes Loch? Es ist ganz und gar kein Loch! Schon gleich, nachdem Einstein 1915 seine berühmte Allgemeine Relativitätstheorie entwickelt hatte,

Das Herz der Milchstraße – ein hungerndes Schwarzes Loch

die ja die Schwerkraft ganz neu erklärte (siehe Kapitel 8), hat ein deutscher Astronom, Karl Schwarzschild (1873–1916), ausgerechnet: Wenn man unsere Sonne immer weiter zusammenpressen würde, von ihren 1,4 Millionen Kilometern Dicke auf 10.000 Kilometer, dann auf 1.000 Kilometer, dann würde sie natürlich immer dichter werden. Aus dünnem Gas würde schließlich richtig supermassive harte Materie. Auf ihrer Oberfläche würde dabei alles schwerer und schwerer werden. Schließlich, bei nur noch drei Kilometern Durchmesser, wäre die Schwerkraft an ihrer Oberfläche so riesig, dass nichts mehr von ihr wegkönnte. Die jetzt klitzekleine, aber horrormassige Drei-Kilometer-Sonne würde alles anziehen, selbst das Licht. Sie wäre also absolut dunkel. Und alles, was auf sie und in sie hineinfiele, bliebe auf ewig verschwunden. Und deshalb erfand man den Namen Schwarzes Loch.

Wird ein Stern zusammengequetscht, wird er zu einem Schwarzen Loch.

Versuch

Ein kleines offenes Fenster in einem Haus, mit einem großen Zimmer dahinter, aus der Ferne betrachtet, ist auch – fast – ein schwarzes Loch (aber kleingeschrieben!). Du siehst jedenfalls das schwärzeste Schwarz, das es auf der Erde gibt, wenn du von Weitem hineinschaust. Fast alles Licht, das durch das Fenster in das Zimmer fällt, wird an den Zimmerwänden hin und her gestreut und schließlich von ihnen verschluckt. Sehr wenig kann aus dem Fenster wieder entwischen.

Noch vor 90 Jahren waren solche Schwarze-Löcher-Fantasien überhaupt nicht interessant. Falls es diese Monster überhaupt gab, konnte man sie ja nicht beobachten.

Das Herz der Milchstraße – ein hungerndes Schwarzes Loch

Als 1967 die Pulsare entdeckt wurden, diese kleinen blitzschnell kreiselnden Ministerne von nur etwa 20 Kilometern Durchmesser (siehe Kapitel 11), aus purer Neutronenasche aufgebaut, begann man, auch im Computer damit zu spielen. Und dabei stellte sich heraus: Wenn Neutronenasche, entstanden aus einer riesigen Sternexplosion, einer Supernova, mehr als etwa zwei bis drei Sonnenmassen hat, kann sie nicht als Neutronenstern weiterleben. Die Schwerkraft der Neutronen aufeinander wird dann riesengroß, obwohl die einzelnen Teilchen so winzig klein sind. Aber sie drängen sich ja ganz dicht aneinander. Nichts kann diese Schwerkraft nun mehr aufhalten. Es gibt keinen heißen Gasdruck, wie bei normalen Sonnen, der gegen die Schwerkraft nach außen drückt, auch die Kernkräfte der Neutronen untereinander reichen nicht mehr aus, sich gegen die Schwerkraft zu wehren. Bei solch einem Aschestern von mehr als zwei bis drei Sonnenmassen fallen die Neutronen weiter aufeinander zu. Ja, wie weit eigentlich? Kleine Magnetchen, die sich anziehen, können doch nur so weit aufeinander zufallen, bis sie hart aneinanderstoßen. Bei Atomteilchen gibt es aber kein „hart". Wir sagen zwar, ein Neutron hat einen Durchmesser von weniger als einem Billionstel Millimeter. Aber es ist kein hartes Kügelchen. Das Neutron selbst besteht wieder aus Teilchen, den Quarks, und diese Teilchen ... ja, das wissen die Physiker nicht so genau. Auf jeden Fall, sie fallen und fallen aufeinander zu, der Reststern wird immer kleiner.

Nehmen wir an, er hatte vier Sonnenmassen. Dann wird er, wenn alles auf zwölf Kilometer zusammengefallen ist, zu einem Schwarzen Loch. Doch die Teilchen darin fallen noch weiter aufei-

Ein Schwarzes Loch entsteht. Die Neutronen fallen immer weiter nach innen, das Schwarze Loch darum herum bleibt bestehen.

Das Herz der Milchstraße – ein hungerndes Schwarzes Loch

nander zu, der Rest wird winziger und winziger, bis schließlich die gesamte Physik versagt. Aber das Schwarze Loch von zwölf Kilometern mit der irren Schwerkraft darum herum, das bleibt. Genau das würde auch mit unserer Sonne geschehen; wir müssten sie auf drei Kilometer zusammenpressen. Gott sei Dank tut das keiner. Aber bei Riesensternen, die mehr als 20- bis 30-mal massereicher sind als unsere Sonne, geschieht das von ganz alleine, per Supernova. Also gibt es Schwarze Löcher wirklich. Doch beobachten konnte man sie immer noch nicht. Alles blieb graue Theorie.

Da kamen den Astronomen zunächst ab 1962 die Quasare zu Hilfe. Wir haben sie schon kennengelernt als unheimlich starke Licht- und Radiosender aus dem Zentrum sehr, sehr weit entfernter Galaxien, viele Milliarden Lichtjahre von uns entfernt, also auch Milliarden Jahre alt, teils älter als unser eigenes Sonnensystem. Sie strahlen aus engem Raum so unglaublich viel Energie nach allen Seiten weg, viel mehr als unsere ganze breite Milchstraße, dass die Physiker zunächst sprachlos waren. Es gibt kein Kraftwerk im ganzen Weltall, das so fantastisch arbeitet. Doch, eines ist möglich: ein Schwarzes Loch, das sogar „nur" mit einer Sonne pro Jahr gefüttert werden muss – immerhin 10.000-mal reichhaltigere Nahrung, als das arme Schwarze Loch unserer Milchstraße erhält. Dann kann ein Quasar so gewaltige Energien abstrahlen.

Essenszeit!

Ab 1970 wurden sogenannte Röntgen-Doppelsterne entdeckt. Ein Partner eines solchen Paares ist ein normaler Stern, der andere ist unsichtbar, er sendet aber Röntgenstrahlung aus. Bei Doppelsternen kann man mithilfe von Kepler und Newton ausrechnen, wie viel Masse jeder Stern hat, wenn man weiß, wie weit voneinander entfernt und wie schnell sie um den gemeinsamen Schwerpunkt kreisen. Toll!

Das Herz der Milchstraße – ein hungerndes Schwarzes Loch

Ein gefräßiges Schwarzes Loch saugt seinen Partner aus.

Ein solches exotisches Paar im Sternbild Schwan, genannt Cygnus X-1, besteht aus einem blauen Riesenstern, ungefähr 20-mal massiger als unsere Sonne, und einem unsichtbaren Partner von auf jeden Fall mehr als drei Sonnenmassen. Mehr als drei Sonnenmassen! Das konnte also nur ein Schwarzes Loch sein. Das Monster schluckt ständig Materie von seinem hilflosen Partner herunter, saugt ihn regelrecht aus und wirbelt seine Gase mit Riesengeschwindigkeiten auf Nimmerwiedersehen in seinen Bauch. Verzweifelt senden die erhitzten Gase Röntgenstrahlung aus, bevor sie endgültig verschwinden.

Genau die Röntgenstrahlung, und nur diese, können wir vom Rand des Schwarzen Lochs empfangen – als gewaltige Energieladung ins Weltall abgestrahlt. Irgendwann, das ist klar, wird der hilflose Partnerstern ausgesaugt sein. Und genauso müssen auch die Kraftwerke der Quasare funktionieren, nur viel grausamer. Quasare sind schließlich Zentren von Galaxien. Das mussten riesige Schwarze Löcher sein, die – wie gesagt – mindestens eine Sonne oder entsprechend viel Gas pro Jahr einsaugen.

Schwarze Löcher in Röntgen-Doppelsternen und Quasare ließen nun keinen Astronomen mehr daran zweifeln, dass unsere Milchstraße ein riesiges Monster dieser Art verbarg. Das war nicht unbedingt selbstverständlich, denn unser Milchstraßenherz leuchtet wirklich recht schwach, keineswegs wie ein Quasar. Dafür steht es uns viel näher als jede andere Galaxie. Es ist nur 26.000 Lichtjahre ent-

Das Herz der Milchstraße – ein hungerndes Schwarzes Loch

fernt. Aber wo ist es überhaupt? Wenn es ein Quasar wäre, hätten wir diesen Strahler schon längst gefunden. Er würde leuchtend hell am Himmel stehen. So aber muss man diese Funzel ziemlich mühsam suchen. Es hängen auch noch dunkle Staubwolken davor.

Allerdings, wenn man genau hinsieht, erkennt man doch eine deutliche Verdickung unserer Milchstraße, und zwar im Sternbild Schütze. Dort ist unsere Milchstraße also ein ganzes Stück breiter als sonst am Himmel. Leider können wir dieses Sternbild an unserem Nordhimmel nur im Sommer und auch dort nur kurze Zeit, am besten im August, nahe am Horizont finden. Meistens verschwindet die Verdickung inklusive der Dunkelwolken im Dunst der Atmosphäre. In Afrika, Australien oder Südamerika steht der Schütze allerdings hoch am Himmel. Da kann man hinaufschauen und sagen: „Wahnsinn, ich sehe unser Schwarzes Loch." Mit dem Fernrohr immerhin kann man schon erkennen,

Dort, wo unsere Milchstraße verdeckt erscheint, ist auch ihr Zentrum versteckt, mit einem Millionen Sonnenmassen schweren Schwarzen Loch.

wie dicht da Sterne um dunkle Wolken herumstehen. Doch genauer hinschauen kann man, eben wegen dieser dunklen Abschirmung, selbst mit den besten Fernrohren nicht.

Gott sei Dank erhalten wir ein, wenn auch eintöniges, Radioprogramm aus dieser Ecke – sehr guter Empfang, besonders starker Sender, sogar schon seit etwa 80 Jahren bekannt. Und auch den genaueren Ort konnte man schließlich festlegen. Die Radiostrahlung verriet auch, dieser Sender im Herzen unserer Milchstraße steht still, wirklich still, während sich alles darum herum umso schneller bewegt, je näher es diesem Radioprogramm ist. Sterne zum Beispiel rasen dort mit 1.000 km/s herum, immerhin schon $1/3$ Prozent der Lichtgeschwindigkeit. Nur etwas viel, viel Massereicheres als alle diese Sterne kann mitten zwischen ihnen stillstehen, so wie sich unsere große Sonne unter allen viel leichteren Planeten kaum bewegt. Mindestens 400.000-mal mehr Masse als ein normaler Stern musste so etwas Unbewegliches haben. Sogar ein paar Millionen Mal wären durchaus drin. Die Größe: ungefähr Erdbahndurchmesser, 300 Millionen Kilometer oder kleiner. Genauer war das aus den Radiosignalen nicht zu berechnen. Wenn es ein Schwarzes Loch war, sagen wir von etwas mehr als vier Millionen Sonnenmassen, hätte es etwa fünfzehn Millionen Kilometer Durchmesser, laut Einsteins Theorie.

Um die gleiche Zeit begann man, auch die Infrarotstrahlung der Milchstraßenmitte ins Labor zu holen. Die wird uns – zum Teil – selbst durch dicke dunkle Gaswolken frei Haus geliefert. Ab 1992 baute ein Team aus Astronomen unter der Leitung von Reinhard Genzel immer bessere Infrarotkameras und montierte sie an große Fernrohre, in engem Kontakt mit erfahrenen Radioastronomen aus anderen Instituten.

Das Herz der Milchstraße – ein hungerndes Schwarzes Loch

In diesen Türmen stecken vier Teleskope mit 8,2 m Durchmesser. Es ist das Very Large Telescope (VLT) in Chile, das größte Observatorium der Welt.

Der Durchbruch gelang neun Jahre später. Ein tolles Infrarotinstrument wurde an eines der größten Fernrohre der Welt gehängt, im Very Large Telescope (VLT) in Chile, auf einem hohen Berg von mehr als 2.600 Metern. Dort stehen vier Teleskope, jedes mit einem Spiegel von 8,2 Meter Durchmesser – gewaltig! Das Hubble-Space-Teleskop, das seit 1990 die Erde umkreist, als Weltraumteleskop frei von allem Dunst und allem Flimmern unserer Atmosphäre, hat, wie wir schon wissen, 2,5 m Durchmesser. Das neue Infrarotinstrument an einem 8,2-Meter-Teleskop lieferte weit bessere Bilder als Hubble – trotz Dunst und Flimmern der irdischen Luft, trotz dunkler Gaswolken vor dem Milchstraßenzentrum.

So sieht ein Teleskop des VLT aus. Hier war erst das Gerüst im Bau. Unterhalb des Gestänges wird der Riesenspiegel einmontiert.

Nun gelang es, Sterne zu beobachten, die sich ganz nahe an den Höllenschlund der Milchstraße heranwagten, auf einige Lichtstunden. Das sind einige Milliarden Kilometer. Sterne in 26.000 Lichtjahren Entfernung von uns so dicht um ein Schwarzes Loch zu untersuchen, heißt supergenau

134 Das Herz der Milchstraße – ein hungerndes Schwarzes Loch

Mit Infrarotkameras kann man die dunklen Gaswolken vor unserem Milchstraßenzentrum durchdringen und bis in die Nähe des Schwarzen Lochs schauen (Pfeile).

beobachten. Auf dem Mond müsste man sogar ein einzelnes Auto erkennen können, wollte man so genau hinschauen. Zehn lange Jahre beobachteten und maßen die Instrumente. Dann bekamen die Computer Arbeit. Als sie im Mai 2002 alles ausgewertet und gezeichnet hatten, waren die Astronomen hingerissen. Man sah deutlich: Einer der Sterne – sie nannten ihn einfach S2 – war 1992 noch weit vom Schwarzen Loch entfernt gewesen, raste dann immer näher an dieses Monster heran, wurde schneller und schneller, bis er schließlich, mit 5.000 km/s, um es herumschwang (5.000 km/s, das heißt in einer Sekunde von Europa nach Amerika!). Er war nur noch 18 Milliarden km vom Schwarzen Loch entfernt, rund viermal weiter als unser Planet Neptun von der Sonne. Und das bei einem Monster, das mehr als vier Millionen Mal schwerer als unsere Sonne ist!

Das Herz der Milchstraße – ein hungerndes Schwarzes Loch

Würde der Stern S2 diesem Monster noch näher kommen, so nahe wie Merkur unserer Sonne, gäbe es ihn schon längst nicht mehr. Die riesigen Anziehungskräfte des Schwarzen Lochs hätten ihn einfach zerrissen und genüsslich aufgesaugt. Aber S2 gibt es noch, ein Göttergeschenk für die Wissenschaftler. Der Computer konnte die ganze Bahn des Sterns zeichnen, eine wunderschöne Ellipse, für die Augen der Wissenschaftler 2002 wohl schöner als das schönste Gemälde. 15 Jahre braucht der Stern für die ganze Ellipse, zehn hatten sie schon beobachtet. Und wenn du dies liest, rast der Stern schon wieder näher und näher an sein und unser Schwarzes Loch heran. Sicher, irgendwann in ferner Zukunft wird er wohl auch von ihm verschlungen werden.

Setzen wir die vom Computer berechnete Bahn sowie die Umlaufzeit des Sterns darauf in das berühmte dritte Gesetz von Johannes Kepler ein, wie es von Newton ausformuliert wurde, dann erhalten wir sofort die Masse, um die S2 kreist. In der Tat, etwas mehr als vier Millionen Sonnenmassen kommen heraus und sie müssen auf ganz engem Raum konzentriert sein. Sonst hätte man diese wunderschöne Ellipse von S2 nicht erklären können. So ungefähr fünfzehn Millionen Kilometer Durchmesser, nach Einsteins/Schwarzschilds Formel für dieses Schwarze Loch, das passt gut. Ein ausgedehnter Sternhaufen oder ein breiter Ball aus schweren Atomteilchen konnte es nicht sein. Das war der endgültige Beweis. Das erste Schwarze Loch im Weltall war enträtselt – auch wenn man es nicht sehen konnte.

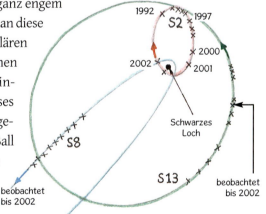

Sterne jagen in wunderschönen Ellipsen um das Schwarze Loch im Zentrum unserer Milchstraße.

Das Herz der Milchstraße – ein hungerndes Schwarzes Loch

Doch, man sah etwas, schon ein Jahr später. Kurze Blitze im Infrarot aus der Nähe des Schwarzen Lochs, einige Minuten lang, die sich alle 17 Minuten wiederholten. Das musste der „Todesschrei" von Gasmassen sein, die, wie bei Cygnus X-1 schon bekannt, in das Schwarze Loch stürzten und, kurz bevor sie auf ewig verschwanden, verzweifelt aufleuchteten, weil ihre riesige Geschwindigkeit sie aufheizte. Und die Wiederholung alle 17 Minuten heißt, das Schwarze Loch dreht sich um sich selbst und reißt dabei die Gasmassen mit. Inzwischen entdeckt man fast jedes Jahr neues um dieses Monster – das offenbar trotz aller Gefräßigkeit hungern muss. Bald wird der Milchstraßenschlund all seine Geheimnisse verraten müssen – Tarnkappe hin oder her.

Bevor Gas im Schwarzen Loch verschwindet, leuchtet es noch einmal auf.

Frage 13

Warum geben vier Teleskope mit je einem 8,2-Meter-Spiegel nur so viel her wie ein 16,4- Meter-Spiegel?

Wer will noch mehr wissen?

Wo bekommt man ein astronomisches Fernrohr?

Ein einfaches Fernrohr kann man sich selbst bauen. Im Optikladen oder über Internet bekommst du vielleicht Fernrohrbausätze oder zwei so ähnliche Linsen, wie Galilei sie benutzte: eine Sammellinse und eine Zerstreuungslinse. Zwei Linsen kann man schon mit den Händen vor den Augen so lange verschieben, bis alles vergrößert aussieht. Besser sind natürlich Papprohre als Halterung, aus dünnem schwarzem Karton gewickelt. Fünffache Vergrößerung liefert zum Beispiel eine Sammellinse von 25 cm Brennweite und eine Zerstreuungslinse von 5 cm Brennweite. Sie müssen dann etwa 25 cm – 5 cm = 20 cm Abstand voneinander haben. Am besten schiebst du zwei Papprohre ineinander.

Ein brauchbares astronomisches Fernrohr gibt es im Kaufhaus oder Fotogeschäft ungefähr ab 100 €. Für viele Beobachtungen reicht aber schon ein Feldstecher für etwa 30 € aus. Ein astronomisches Fernrohr hat nicht nur eine stärkere Vergrößerung als ein Feldstecher, es steht auch fest auf einem Stativ und wackelt nicht in der Hand. Dafür sieht man nur einen sehr kleinen Ausschnitt des Himmels. Im Feldstecher ist der Ausschnitt meist viel größer – auf jeden Fall sehr viel größer als bei den Fernrohren Galileis.

Die Lichtstärke eines Fernrohrs hängt vor allem vom Durchmesser der Objektivlinse ab. Auf jedem Feldstecher sind zwei Zahlen angegeben, zum Beispiel 8 x 50. Acht heißt achtmalige Vergrößerung, 50 ist der Objektivdurchmesser in Millimeter. 40 mm sind schon gut brauchbar für das Überprüfen von Galileis Entdeckungen. Entscheidender als die Vergrößerung ist also, wie groß die „Augen" des Fernrohrs sind, das heißt, wie viel Licht da hindurchkommt. Die größte brauchbare Vergrößerung ist ungefähr Objektivdurchmesser in Millimeter mal 1 bis 2. Mehr Vergrößerung bringt nichts.

Was sind die schönsten Beobachtungen mit dem Fernrohr?

Von Herbst bis Frühjahr ist das schönste Wintersternbild, der **Orion,** zu sehen. Bekommst du alle 80 von Galilei gezeichneten

Das Sternbild Orion, in der Sage ein starker Jäger. Links unter ihm sein „Großer Hund" mit dem hellsten Fixstern des Himmels, Sirius

Sterne um Gürtel und Schwert zusammen (siehe dazu das Bild auf Seite 6)? Eigentlich kann man mit den heutigen guten Fernrohren noch mehr Sterne entdecken – wenn der Nachthimmel so klar wie zu Galileis Zeiten ist. Das geht nur fernab von Städten, ohne Straßenlaternen und Häuserbeleuchtungen.

Besonders beeindruckend sind die „unerforschlich" vielen Sterne in der **Milchstraße**. Insgesamt sind es sicher mehr als 100 Milliarden!

Wann der **Jupiter** am Nachthimmel steht, kannst du in der Himmelsübersicht der Zeitung oder in einem Planetenkalender nachlesen – über das Internet oder eine Volkssternwarte erfährt man es ganz schnell. Er ist viel heller als alle anderen Sterne in der tiefen Nacht und strahlt ruhig wie alle Planeten.

Bei Jupiter kann man mit dem Feldstecher ganz leicht die vier Monde beobachten. Stütze aber den Feldstecher ab, sonst zittert deine Hand zu stark. Die vier Monde stehen wie kleine Stecknadelköpfe in einer ungefähren Linie neben ihm oder aufgeteilt links und rechts. Sie ziehen hin und her, an Jupiter vorbei und wieder zurück, ganz regelmäßig. Sie heißen heute Io, Europa, Ganymed und Kallisto. Sie wurden etwa gleichzeitig mit Galilei auch von dem deutschen Astronomen Simon Marius beobachtet.

Venusphasen und Mondgebirge sind natürlich auch eine Fernrohrreise wert. Wer noch mehr sehen will, viel mehr als Galilei, der sollte sich ein Buch über Sternbeobachtungen kaufen.

Der Ring um den **Saturn** ist ein besonders fantastischer Himmelseindruck. Dazu braucht man aber ein astronomisches Fernrohr mit mindestens 30- bis 40-facher Vergrößerung. Auch Galilei hat diesen Ring schon beobachtet, er hat ihn mit seinem Fernrohr aber noch nicht als Ring erkennen können. Wenn man ihn heute durch ein Fernrohr mit etwa 50-facher Vergrößerung entdeckt, scheint er wie ein kleiner Ehering um das Saturnscheibchen zu schweben.

Die **Sonnenflecken** kann man schon mit einem Feldstecher finden, meist als unregelmäßige schwarze Pünktchen. Ganz wichtig: **Nie, auf gar keinen Fall,** mit den Augen in die Sonne schauen, ob mit oder ohne Fernrohr!! Willst du die Sonne auf ein Stück Papier projizieren, dann lege zum Beispiel den Feldstecher, von dem du ein „Auge" zudeckst, so auf einen Stuhl, dass die Sonne schräg auf den Zimmerboden projiziert wird. Verschiebe ein Stück Papier zwischen Zimmerboden und Okular des Feldstechers, bis ein scharfes Bild entsteht. (siehe Bild: Galilei beobachtet die Sonne, S. 15)

Was sind Sternbilder?

Sternbilder wurden vor langer Zeit erfunden, weil man sich damit prima am Himmel orientieren kann. Man hat sich einfach bestimmte Figuren um die Sterne herum gedacht – etwa den Großen Bären oder sein Hinterteil als Großen Wagen. Den kennt jeder am Himmel. Allerdings braucht man oft viel Fantasie, um zum Beispiel eine Waage, einen Schützen oder einen Schwan zu erkennen! Sternbildsagen erzählen spannende Geschichten zu all diesen Bildern.

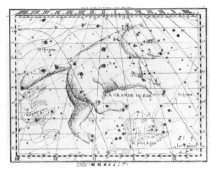

Der Große Wagen als Hinterteil des Sternbilds Großer Bär. Der zweite Schwanzstern heißt Mizar.

Mehr Sternbilder als nur den Großen Wagen findet man sehr einfach mithilfe einer drehbaren Sternkarte.

Sterne tragen Namen oder Nummern

Nur einige Sterne, die berühmtesten, tragen Namen wie Sirius, Atair, Beteigeuze. Die Namen stammen meist von den Griechen oder Arabern. Vor etwa 400 Jahren begann man, Sterne mit griechischen Buchstaben zu bezeichnen. Alpha (α) wurde im Allgemeinen der hellste Stern in einem Sternbild genannt. So wurde die Wega zu α Lyrae, als hellster Stern im Sternbild Leier (lateinisch: Lyra). Delta (δ) Cephei ist also der vierthellste Stern im Sternbild Cepheus.

Als man immer mehr Sterne beobachtete, benutzte man statt der griechischen (und auch lateinischen) Buchstaben schließlich Zahlen, zum Beispiel 61 Cygni – der Stern Nr. 61 im Sternbild Schwan (*lateinisch:* Cygnus). Bei der Entdeckung von Röntgenquellen am Himmel begann man so ähnlich. Sco X-1 heißt die erste Röntgenquelle im Sternbild Skorpion, die entdeckt wurde (X-Rays heißen im Englischen die Röntgenstrahlen).

Helle Sonnen am Himmel

	Entfernung	Helligkeit im Vergleich zu Sirius
Sirius	9 Lichtjahre	
Wega	25 Lichtjahre	4-mal schwächer
Rigel	ca. 800 Lichtjahre	4,5-mal schwächer
Beteigeuze	ca. 400 Lichtjahre	6-mal schwächer
Atair	ca. 16 Lichtjahre	8-mal schwächer
Deneb	mindestens 1.600 Lichtjahre	12-mal schwächer

Alle diese Sterne erscheinen uns noch sehr hell. Sirius ist der hellste Fixstern überhaupt. Er ist fast der einzige Stern, den wir an unserem Stadthimmel ohne Fernrohr im Sternbild Großer Hund sehen können, gleich links unter dem Jäger Orion. Jäger und Hund gehören natürlich in den griechischen Sternsagen zusammen. Wega, Atair und Deneb kann man im Sommer, selbst in Städten, als helles Sommerdreieck über unseren Köpfen am klaren Nachthimmel sehen. Rigel und Beteigeuze sind die hellsten Sterne im schönsten Wintersternbild, dem Orion.

Frage 14 Alle diese Sterne *scheinen* uns ja nur heller oder lichtschwächer zu sein. Wenn sie in gleicher Entfernung von uns stünden, sähe alles anders aus. Nehmen wir Sirius und Deneb. Welcher von beiden wäre dann der hellere?

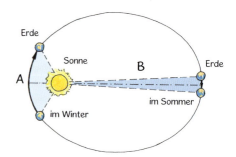

Wie lauten die keplerschen Gesetze?

Das erste Gesetz lautet:
Planeten laufen nicht auf Kreisen, sondern auf Ellipsen um die Sonne. In einem Brennpunkt jeder Planetenellipse steht die Sonne. Die Brennpunkte heißen so, weil alle Lichtstrahlen, die parallel zueinander, zum Beispiel von der Sonne kommend, in einen elliptischen Hohlspiegel einfallen, in diesem Punkt gebündelt werden. Wir können uns solch einen Hohlspiegel als Teil einer ganzen Ellipse vorstellen.

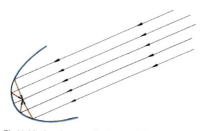

Ein Hohlspiegel sammelt alle parallelen Lichtstrahlen in seinem „Brennpunkt". In solch einem Brennpunkt der elliptischen Planetenbahnen steht auch die Sonne.

Das zweite Gesetz lautet:
In der Nähe der Sonne sind die Planeten schneller, weiter weg langsamer, nach einer bestimmten Regel. So braucht unsere Erde für die weite Strecke nahe der Sonne genauso 45 Tage wie für die kürzere Strecke fern von ihr. Die Erde wird durch die Anziehungskraft nahe der Sonne gerade um so viel schneller, dass die Fläche A (links), die das Dreieck „Erde auf ihrer Bahn – Sonne" bildet, genauso groß ist wie die entsprechende Fläche B (rechts).

Das dritte Gesetz lautet:
Je weiter ein Planet von der Sonne entfernt ist, desto länger braucht er für einen Umlauf. Multipliziert man die große Halbachse seiner Ellipse – wir nennen das einfach mal den Abstand r – mit sich selbst und noch einmal mit sich selbst und teilt durch die Umlaufzeit T, einmal mit sich selbst multipliziert, kommt in unserem Sonnensystem für jeden Planeten immer der gleiche Wert heraus, eine konstante Größe also:

Halbachse • Halbachse • Halbachse / Umlaufzeit • Umlaufzeit = Konstante

r^3 / T^2 = Konstante

Was in dieser Konstante steckt, erfahren wir bei „Newtons Gravitationsgesetz".

Planeten laufen auf Ellipsen, die nur sehr wenig von einem Kreis abweichen. In der Größe unserer Zeichnung könnten wir die

Ellipse der Erdbahn eigentlich gar nicht erkennen. Unser Zeichenstrich ist zu dick. Sie ist daher stark übertrieben gezeichnet.

Wegen Keplers Gesetzen müssen die Astronomen übrigens auch seit ein paar Jahrzehnten an die Dunkle Materie glauben. Sterne weiter weg vom Zentrum etwa unserer Milchstraße laufen viel zu schnell um dieses Zentrum herum, als nach Keplers Gesetzen erlaubt ist. Also muss man viel Dunkle Materie annehmen, die um die Milchstraße verteilt ist, zusätzlich zu den sichtbaren Sternen, Gaswolken und den dunklen Staubwolken. Diese Dunkle Materie zieht die äußeren Sterne schneller herum.

Newtons Gravitationsgesetz und die Zentrifugalkraft

Die Kraft zwischen der Sonne und einem Planeten ist die Gravitationskraft:

$$\text{Gravitationskraft} = \frac{\text{Gravitationskonstante} \cdot \text{Masse Sonne} \cdot \text{Masse Planet}}{\text{Abstand} \cdot \text{Abstand}}$$

$$F^{(\text{Gravitation})} = \frac{\gamma \cdot M^{(\text{Sonne})} \cdot M^{(\text{Planet})}}{r^2}$$

Die Gravitationskonstante γ ist winzig klein, kleiner als 0,000.000.000.1, wenn wir die Massen in Kilogramm und die Entfernungen in Meter rechnen. Zwei Gewichte von je einem Kilogramm, die wir einen Meter voneinander entfernt aufstellen, ziehen sich also nur mit dieser unheimlich kleinen Kraft von 0,000.000.000.1 Newton, so nennt man das, an. Das ist also fast gar nichts. Besonders wichtig in der Formel für die Gravitationskraft ist ihre Abhängigkeit vom Quadrat des Abstands. Dieses r^2 erhielt Newton, indem er einfach das dritte Gesetz von Kepler in seine neu entdeckte Formel für die Zentrifugalkraft (Fliehkraft) einsetzte. Die Formel für diese Zentrifugalkraft lautet:

$$\text{Zentrifugalkraft} = \frac{39{,}5 \cdot \text{Masse Planet} \cdot \text{Abstand}}{\text{Umlaufzeit} \cdot \text{Umlaufzeit}}$$

oder:

$$F^{(\text{Zentrifugal})} = \frac{39{,}5 \cdot M^{(\text{Planet})} \cdot r}{T^2}$$

Wenn wir diese Formel und das Gravitationsgesetz von Newton zusammenmixen, erfahren wir, was die geheimnisvolle Konstante im dritten keplerschen Gesetz bedeutet. Das wusste Kepler noch nicht!

Zentrifugalkraft und Gravitationskraft müssen sich ja die Waage halten, sonst bleibt der Planet nicht auf seiner Bahn. Wir können sie also gleichsetzen:

$$\frac{M^{(\text{Planet})} \cdot 39{,}5 \cdot r}{T^2} = \frac{\gamma \cdot M^{(\text{Planet})} \cdot M^{(\text{Sonne})}}{r^2}$$

Daraus folgt sofort:

$$\frac{r^3}{T_2} \text{ (das ist Keplers Konstante)} = \frac{\gamma \cdot M^{(\text{Sonne})}}{39{,}5}$$

Diese geheimnisvolle Größe bei Kepler besteht also im Wesentlichen aus der Gravitationskonstante und der Masse der Sonne. Damit kann man aus jeder Bahnachse r eines Planeten und seiner Umlaufzeit T also die Masse seiner Sonne berechnen, um die er sich bewegt. Aus jeder Bahn eines Sterns um ein Schwarzes Loch berechnet man ebenso die Masse dieses Monsters. Das ist bis in unsere Gegenwart ungeheuer wichtig geblieben. Newton kann stolz darauf sein. Seine Gravitationskraft ist trotzdem die schwächste Kraft im Weltall. Wenn sie viel stärker wäre, so stark etwa, wie die Kraft zwischen Protonen und Neutronen im Kern jedes Atoms, könnten wir keinen Stein von der Erde aufheben! Auch zwei Menschen würden nicht nebeneinander stehen bleiben, sondern sofort zusammenprallen.

Wie kann man die Entfernung eines Sterns berechnen? Die Fixsternparallaxe

Bessel dachte richtig: Suchen wir zwei Sterne, die scheinbar nahe beieinanderstehen, von denen einer aber in Wirklichkeit sehr weit weg ist. Dann müsste uns der nahe Stern, bei ihm Nummer 61 im Schwan, im Winter zum Beispiel etwas dichter an Stern a stehend erscheinen als im Sommer, weil sich die Erde bewegt und unser Blickwinkel auf den Stern verschoben wird. Genauso verschiebt sich ein Finger vor unseren Augen im Vergleich zum Hintergrund des Zimmers, wenn wir einmal das eine Auge (= Winter), dann das andere Auge (= Sommer) zukneifen. Ein Nagel in der Wand wäre dann so etwas wie Bessels Vergleichsstern a. Die Verschiebungen des Sterns 61 Cygni gegenüber dem „Nagel"-Stern a werden als Winkel 1 und 2 gemessen. Die beiden Winkel addieren wir und erhalten die „Parallaxe" P des Sterns.

Aus diesem Parallaxenwinkel P und dem Durchmesser der Erdbahn können wir im Dreieck: Erde im Winter – Erde im Sommer – Stern, ganz einfach die Entfernung R des Sterns ausrechnen. Das Verhältnis Erdbahndurchmesser/Entfernung nennt man den „Sinus" des Winkels P (das klappt so einfach, weil dieser Winkel sehr klein ist). Solche „Sinus"-Werte berechnet heute jeder Schultaschenrechner mit der „sin"-Taste. Sin

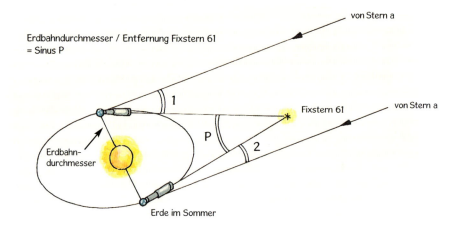

1/6.000 Grad finden wir im Taschenrechner zu 0,000.002.9. Wenn wir den Erdbahndurchmesser durch diesen Wert teilen, erhalten wir die Entfernung von 61 Cygni: 299 Millionen km geteilt durch 0,0000029 Das ergibt etwas mehr als 100 Billionen km oder rund elf Lichtjahre.

Selbst mit Lichtgeschwindigkeit würden wir also fast elf Jahre brauchen, um den Stern 61 Cygni zu erreichen.

(Mit deinem Taschenrechner rechnest du 299 : 0,0000029 und hängst „Millionen Kilometer" an das Ergebnis an.)

Der Dopplereffekt – Geschwindigkeitskontrollen im Weltall

Es gibt eine einfache Formel von Christian Doppler, mit der man aus der Verschiebung einer dunklen Linie die Geschwindigkeit des zugehörigen Sterns oder der Galaxie – auf uns zu oder von uns weg – ganz problemlos ausrechnen kann.

$$\text{Geschwindigkeit} = \frac{\text{Lichtgeschwindigkeit} \cdot \text{Linienverschiebung}}{\text{normale unverschobene Lichtwellenlänge}}$$

$$v = \frac{c \cdot a}{\lambda}$$

(Der griechische Buchstabe Lambda wird immer für die Wellenlänge genommen.)

Alle normalen unverschobenen Lichtwellenlängen messen wir einfach auf unserer Erde oder auch auf der Sonne. Alle diese Lichtquellen bewegen sich ja nicht von uns weg oder auf uns zu.

Die Formel gilt allerdings nur bis zu etwa 10 % der Lichtgeschwindigkeit, die 300.000 km/s beträgt. Mehr Geschwindigkeit als etwa 30.000 km/s darf also ein Stern oder eine Galaxie für diese Formel nicht haben. Darüber müssten wir auch noch Einsteins Spezielle Relativitätstheorie einkalkulieren.

Beispiel: Nehmen wir eine dunkle Linie im gelb-grünen Licht mit der Wellenlänge an dieser Stelle von = fünf Zehnmillionstel Meter. Im Sternspektrum erkennen wir, dass sich diese dunkle Linie um 1/5.000 von diesen fünf Zehnmillionstel Meter in Richtung Rot verschoben hat. Das sind 1/5.000 mal fünf Zehnmillionstel. Daraus folgt:

$$V = \frac{300.000 \text{ km/s} \cdot 1/5.000 \cdot 5 \text{ Zehnmillionstel}}{5 \text{ Zehnmillionstel}}$$

$$= 300.000 \cdot 1/5.000 = 60 \text{ km/s}.$$

Mit dieser Geschwindigkeit, doppelt so groß wie die durchschnittliche Geschwindigkeit der Erde um die Sonne, bewegt sich also der Stern von uns weg.

Mit der gleichen Formel, jetzt für Schall, kannst du auch ausrechnen, warum eine Orgel, die mit 600 km/h auf uns zurast, doppelt so hoch klingt. Es gilt:

$$\text{Orgelgeschwindigkeit} = \frac{\text{Schallgeschwindigkeit} \cdot \text{Wellenlängenverschiebung}}{\text{ursprüngliche Wellenlänge}}$$

Die Schallgeschwindigkeit in Luft ist rund 1.200 km/h. Wir formen etwas um und erhalten:

Orgelgeschwindigkeit/Schallgeschwindigkeit = 600/1.200 = $^1/_2$ = Wellenlängenverschiebung / ursprüngliche Wellenlänge
Die Wellenlänge hat sich also um die Hälfte verschoben, das heißt, die Tonhöhe, die Frequenz, wird zweimal größer.
Bei einem Trompeter auf einem Eisenbahnwagen mit 60 km/h gilt:
Wellenlängenverschiebung/ursprüngliche Wellenlänge = 60/1.200 = 1/20
Die Wellenlänge ist um 1/20 auf 19/20 verkürzt, der Ton also um 20/19 höher, das ist etwas weniger als ein halber Ton.

Brechung und Farbaufspaltung von Licht

Wenn Licht durch Glas, Kristall oder Wasser hindurchstrahlt, wird es von seinem geraden Weg abgelenkt. Das nennt man Brechung. Deshalb erscheint unser Finger etwas gehoben, wenn wir ihn ins Wasser tauchen. Und deshalb kann man mit gekrümmten Gläsern, den Glaslinsen, etwa im Fotoapparat, kleinere Bilder von großen Gegenständen „zaubern".
Eine nach außen gekrümmte Linse, also eine Sammellinse oder Konvexlinse, bricht die Lichtstrahlen so, dass ein verkleinertes Bild erzeugt wird, das auf dem Kopf steht. Betrachtet man dieses Bild mit einer zweiten Linse, kann man es wieder vergrößern. Ist diese zweite Linse eine weitere Sammellinse, lässt sie das Bild auf dem Kopf stehen, eine nach innen gekrümmte Zerstreuungslinse dreht es wieder um. So wurde das Fernrohr erfunden. Licht wird aber von unterschiedlichen Glassorten auch unterschiedlich gebrochen. Das Maß, um das ein Lichtstrahl im Glas, zum Beispiel einer Fernrohrlinse, gebrochen wird, nennt man Brechungsindex. Für jede Farbe im weißen Sonnenlicht ist dieser Wert aber unterschiedlich. Das heißt auch, dass weißes Licht nach dem Durchgang durch eine Linse nicht mehr weiß bleibt, die Farben werden unterschiedlich weit gebrochen. Das nennt man Farbaufspaltung oder auch Dispersion.

Versuch Halte ein Brennglas, also eine Sammellinse, in das Sonnenlicht und verschiebe ein Stück Papier vor und hinter den Brennpunkt. Dann siehst du rote, gelbe oder blaue Randfarben des Lichtstrahls, je nachdem, wie weit dein Papier vom Brennpunkt entfernt ist. Wenn man Bilder durch Fotoapparate oder Fernrohre erzeugt, möchte man aber keine solchen Farbränder haben. Sie machen ein Bild auch unscharf. Man setzt deshalb zwei oder mehrere Glaslinsen mit unterschiedlicher Brechung hintereinander, um ein farbsauberes und scharfes Bild zu bekommen. Solch eine Zusammensetzung aus mehreren Glaslinsen heißt achromatisches Objektiv.

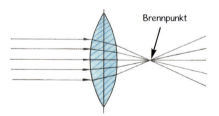

Eine nach außen gewölbte (konvexe) Glaslinse sammelt alle Sonnenstrahlen in einem Brennpunkt.

Was ist ein Spektrum?

Spektrum ist lateinisch und bedeutet so viel wie Geistererscheinung. Der Physiker versteht darunter die Aufspaltung des Lichtes in ein Farbenband.

Menschen können nur die Farben Rot bis Violett des Sonnenspektrums sehen, die Infrarotstrahlung der Sonne und die Ultraviolettstrahlung (von der wir den Sonnenbrand bekommen) sehen wir nicht. Heute wissen wir, dass all diese Farben elektromagnetische Schwingungen sind, die sich durch den leeren Raum, das heißt durch das ganze Weltall, fortpflanzen können. Es gibt noch viel längere Schwingungen als Infrarot: Mikrowellen, Radiokurzwellen, Radiomittelwellen, Radiolangwellen. Andererseits gibt es auch viel kürzere elektromagnetische Schwingungen als das Ultraviolett. Je kürzer, desto energiereicher werden sie.

Das Ultraviolett hat, ein Jahr nach Herschels Entdeckung des Infrarots, der deutsche Physiker und Chemiker Johann Wilhelm Ritter (1776–1810) entdeckt. Er nahm einfach an, wenn es auf der einen Seite des Farbspektrums Infrarot gibt, muss auf der anderen Seite auch etwas sein. So fand er die Ultraviolettstrahlen. Sie schwärzten eine Silbersalzschicht, die er jenseits des violetten Endes des Spektrums hinlegte. Da hätte er nun beinahe schon die Fotografie entdeckt!

Noch kürzere Schwingungen als Ultraviolett wurden erst vor etwa 100 Jahren entdeckt: Röntgen- und Gammastrahlen. Radiostrahlung aus dem Weltall und Röntgen- bis Gammastrahlen, die uns von riesigen Explosionen und gewaltigen Magnetfeldern im All berichten, beobachten wir erst seit einigen Jahrzehnten.

Die Untersuchung all dieser Strahlen, die Spektroskopie, ist nicht nur für die Astronomie wichtig. Auch Atome können strahlen. Daraus kann man schließen, was im Inneren dieser kleinsten Bauteile unserer Welt vorgeht. Auch in der Chemie und Biochemie und in der Industrie betreibt man Spektroskopie. Man kann zum Beispiel untersuchen, welche Strahlen von verunreinigter Luft verschluckt werden und welche durchkommen, und erfährt etwas über schädliche Stoffe, die in der Luft schweben. Auch die glühende Schmelze von Eisenerz im Hochofen kann man mit Spektroskopen kontrollieren.

Absorptionslinien, Emissionslinien, Dopplerverschiebung

Die dunklen Linien im Sonnenspektrum, die Joseph Fraunhofer 1814 entdeckte, nennen wir heute Absorptionslinien. Erst 45 Jahre nach seiner Entdeckung fanden Kirchhoff und Bunsen heraus, wie diese Linien entstehen: Die obere Atmosphäre der Sonne verschluckt, auf Lateinisch „absorbiert", besonders schmale Farbteile aus dem Licht, das von den noch heißeren und hell strahlenderen tieferen Gasschichten kommt. Diese schmalen Teile im Farbband bleiben als dunkle Stellen übrig, eben als „Absorptionslinien".

Und warum sind diese Linien bei Roten Riesen recht scharf und bei kleineren roten

Sternen etwas breiter und schwammiger? So hatte das Antonia Maury kurz vor Ejnar Hertzsprung herausgefunden. Doch beide konnten es noch nicht erklären. Antwort aus der Atomphysik: Weil die kleineren Sterne stärker zusammengepresst sind. Dadurch stoßen ihre Atome viel häufiger miteinander zusammen und stören die Frequenzen des Lichts, das ausgesandt wird.

Wenn man ein Gas anzündet, dann brennt es. Das heißt, die Gasatome fangen an zu leuchten und senden ganz bestimmte Farben aus. Wasserstoff zum Beispiel erscheint rot. Diese Farbe Rot von schwingenden Atomen sieht man im Spektroskop als scharfe helle rote Linie. Dazu gibt es noch ein paar andere Linien. Solche schmalen Farbbereiche, die von Atomen ausgesandt werden, nennt man Emissionslinien, von lateinisch: *emittere* = aussenden. Nebel aus Gas im Weltall, die leuchten, wie zum Beispiel der Orionnebel im Schwert des Sternbilds Orion, zeigen im Spektroskop auch solche Emissionslinien.

Dieser Geheimcode jedes leuchtenden Sterns oder Nebels oder einer ganzen Galaxie im Weltall verschiebt sich ja laut Doppler, wenn solche Himmelsobjekte von uns weg- oder auf uns zueilen, im Vergleich etwa zu Linien einer Flamme auf der Erde. Genau genommen: Nicht nur diese Linien verschieben sich, sondern in der Tat das ganze Farbenband eines Sterns.

Also hatte Doppler recht. Aber die Farbe des Sterns ändert sich trotzdem nicht – wenn es, wie bei Sternen üblich, ein Farbenband von Rot über Grün bis Violett um die dunklen oder hellen Linien gibt und sofern wir bei Geschwindigkeiten noch deutlich unter der Lichtgeschwindigkeit bleiben. Denn nehmen wir an, das ganze Violett verschiebt sich ins Ultraviolett, weil ein Stern rasend schnell auf uns zueilt. Das Blau gerät ins Violett, das Rot schließlich ins Gelb. Aber – bei Rot bleibt keine leere Stelle übrig. Das unsichtbare Infrarot wird ja nun zu Rot und alles bleibt gleich bunt, wie es war. Nur an der Verschiebung dunkler oder heller Fraunhoferlinien können wir eben erkennen, dass sich etwas verändert hat.

Ein leuchtender Gasnebel allerdings, der nur ein paar helle Fraunhoferlinien, also Emissionslinien, aussendet und kein Farbenband hinter diesen Linien besitzt, kann sehr wohl seine Farbe für uns verändern, wenn er auf uns zurast oder von uns wegeilt, wenn etwa blaue und violette Linien jenseits von Violett unsichtbar werden.

Galaxien

Galaxien sind Ansammlungen von Millionen bis Milliarden Sternen. Die uns nächsten Galaxien sind die Große und die Kleine Magellansche Wolke, „nur" 170.000 bis 190.000 Lichtjahre entfernt und deshalb mit dem bloßen Auge schön am dunklen Südhimmel der Erde zu sehen. Es sind noch recht kleine Galaxien. Die eine eilt von uns weg, die andere auf uns zu. Der Andromedanebel ist schon mehr als zwei Millionen Lichtjahre entfernt, eilt aber auch auf uns zu. Sie gehören alle zu unserem heimatlichen Galaxienhaufen, der „lokalen Gruppe." In großer Entfernung gibt es andere Hau-

Fast alle Lichtpunkte hier sind keine Sterne, sondern Galaxien.

fen, z. B. den Coma-Haufen, mit mehr als 1.000 Galaxien, in durchschnittlich über 300 Millionen Lichtjahren Entfernung.

Das Gesetz von Hubble

Geschwindigkeit einer Galaxie = Hubblekonstante · Entfernung der Galaxie
v = H · d

Messen wir die Entfernungen in km und die Hubblekonstante in 1/s, erhalten wir die Geschwindigkeit in km/s.

Das können wir umformen:
Entfernung einer Galaxie = Geschwindigkeit der Galaxie/Hubblekonstante

oder noch einmal umgeformt:
Hubblekonstante = Geschwindigkeit einer Galaxie/Entfernung der Galaxie

Diese Hubblekonstante ergab sich aus Hubbles ersten Messungen von Geschwindigkeiten und Entfernungen zu 150 km/s pro eine Million Lichtjahre. In km ungerechnet ergibt das für die Hubblekonstante $16/10^{18}$ (10^{18} ist eine Eins mit 18 Nullen!).

Dreht man diesen Wert um, rechnet also Entfernung/Geschwindigkeit, erhält man $10^{18}/16$. Das war das Alter des Weltalls in Sekunden, wie es Hubble herausbekam.
Das ist einfach zu verstehen, denn die Entfernung einer Galaxie geteilt durch ihre Geschwindigkeit ergibt die Zeit, die dieser Teil des Weltalls für seine lange Reise vom Urknall an brauchte (wenn du nach einer langen Wanderung mit 5 km/h Geschwindigkeit schließlich 30 km von zu Hause weg bist, hast du 30 : 5 = 6 Stunden für diese Wanderung gebraucht). Wir rechnen in Jahre um, indem wir durch 3.600 · 24 · 365 teilen, und erhalten für das Alter des Weltalls: etwa 1,9 Milliarden Jahre.
Dieses Ergebnis hat um 1930 sehr verwundert, denn damals wusste man schon, dass Sonne und Erde garantiert älter sind. Heute wissen wir, die Konstante von Hubble war viel zu groß. Statt 16 muss man den Wert 2,3 nehmen. Dreht man diesen Wert um, so ergeben sich $10^{18}/2,3$ Sekunden oder rund 14 Milliarden Jahre für das Alter unseres Universums. Da passt unser Sonnensystem mit vier bis fünf Milliarden Jahren gut hinein.
Aus jeder Rotverschiebung der Spektrallinien einer Galaxie und damit aus ihrer Geschwindigkeit von uns weg können wir mit dieser Formel ihre Entfernung ausrechnen. Nehmen wir den Quasar 3 C 273 mit einer

Geschwindigkeit von etwa 48.000 km/s. Das sind schon etwa 16 % der Lichtgeschwindigkeit!

Entfernung des Quasars = $48.000 : 2{,}3/10^{18}$ = $48.000 \cdot 10^{18}/2{,}3 = 21.145 \cdot 10^{18}$ km.

Da $9{,}5 \cdot 10^{12}$ km gerade ein Lichtjahr ergeben, folgt: Der Quasar ist etwa zwei Milliarden Lichtjahre von uns entfernt. Gerechnet wird:

$$\frac{21.145 \cdot 10^{18}}{9{,}5 \cdot 10^{12}} = 2{,}2$$

Die größten Teleskope

Die größten Lichtteleskope

Die größten Lichtteleskope haben heute Spiegel bis zu über 8 m Durchmesser. Das größte steht seit 2008 in den USA, das „Large Binocular Telescope", mit zwei fest zusammengebauten Spiegeln zu je 8,4 m Durchmesser. Das entspricht einem einzigen von 11,8 m Durchmesser. Teleskope, die aus kleinen Spiegeln wie ein Puzzle gebastelt werden, gibt es bis zu 11 m.

Ein Hohlspiegel für ein Teleskop wird erschmolzen.

Europäische Staaten haben ihr Geld zusammengeworfen und in Chile eine Sternwarte mit vier Teleskopen gebaut, von denen jedes 8,2 m Durchmesser hat. Wenn sie in den nächsten Jahren zusammengeschaltet werden, entsprechen sie einem einzigen Teleskop von 16,4 m Durchmesser.

Noch größere Teleskope, bis zu 40 m Durchmesser, sind schon in Bau. Und auch einen Nachfolger für das Hubble-Weltraumteleskop mit 2,5-Meter-Spiegel wird es bald geben, mit einem 6,5-Meter-Spiegel, aus kleineren zusammengesetzt.

Die größten Radioteleskope

Das zweitgrößte bewegliche Radioteleskop der Welt steht bei Effelsberg in der Eifel, mit dem Auto von Bonn aus leicht erreichbar. Wenn diese riesige Antenne mit 100 m Durchmesser plötzlich hinter dem letzten Berg auftaucht, bleibt einem der Mund offen stehen.

Am eindrucksvollsten ist es natürlich, falls sie gerade, wie eine Riesenhand in den Bergen, herumgeschwenkt wird. Das weltgrößte bewegliche Radioteleskop in West Virginia, USA, ist nur ein wenig größer.

Das größte nicht bewegliche Radioteleskop der Welt mit 576 m Durchmesser steht in Russland, das zweitgrößte steht in China. Es hat 520 m Durchmesser. Radioteleskope kann man viel einfacher als Lichtteleskope zusammenschalten, und das über große Entfernungen.

Die größten Röntgenteleskope

Die größten Röntgenteleskope haben heute bis zu 1,2 m Durchmesser. Röntgenteleskope sehen ganz anders aus als Fernrohre für das Licht oder Radioantennen, da Röntgenstrahlen nicht wie Licht oder Radiowellen durch Linsen, Spiegel oder Antennen gebündelt werden können. Es sind lange Rohre, oft ineinandergeschachtelt, in die die Röntgenstrahlen streifend hineinfallen. Chandra und XMM-Newton heißen die beiden derzeit größten. Sie müssen natürlich auf Satelliten montiert werden, die über der Erdathmosphäre herum kreisen, da Röntgenstrahlen (und Gammastrahlung) des Weltalls nicht bis zur Erdoberfläche durchdringen – glücklicherweise für uns Menschen!

Was sind Quasare?

Als man 1962 die Quasare (quasistellare Radioobjekte) entdeckte, zeigten sie in ihrem Lichtspektrum dunkle Linien, die niemand erklären konnte. Sie sahen ganz anders aus als alle Linien, die man von Sternen oder Galaxien sonst kannte. Nach einem Jahr allerdings fand man heraus: Diese Linien waren sehr wohl bekannt. Bei vielen Sternen oder auch Gasnebeln gab es sie. Es waren Linien des Elements Wasserstoff, aber so weit nach Rot verschoben, dass niemand zunächst auf diese Idee kam, dass das wirklich Wasserstofflinien sein konnten. Die seltsamen Objekte müssen also, wie aus dieser kosmologischen Rotverschiebung folgt, eine ungeheure Entfernung von uns haben. Daraus folgt auch eine ungeheuerliche Geschwindigkeit der Raumausdehnung relativ zu uns von weit über 90 % der Lichtgeschwindigkeit. Die weitest entfernten Quasare, die wir heute kennen, sind fast unvorstellbar weit entfernt, fast so weit wie der Durchmesser des heute bekannten Weltalls von etwa 14 Milliarden Lichtjahren. Sie sind also auch superalt, die fernsten und ältesten Objekte im Weltall, die wir kennen. Wieso können wir sie aber in diesen riesigen Entfernungen noch sehen? Es müssen superhell strahlende Zentren von Galaxien sein, die im jugendlichen Alter des Weltalls geboren wurden. Riesige Schwarze Löcher in diesen Zentren saugen alle Materie um sie herum ein. Dabei entsteht die wahnsinnige Strahlung – kurz bevor die angesaugte Materie auf Nimmerwiedersehen im Schwarzen Loch verschwindet.

Der Quasar 3 C 273 im Sternbild Jungfrau ist der hellste Quasar am Himmel. An ihm wurde 1963 die riesige Entfernung und Geschwindigkeit dieser Galaxienkerne zum ersten Mal erkannt. Heute gilt er schon als nahe, „nur" 2,2 Milliarden Lichtjahre entfernt. Das entspricht einer Geschwindigkeit von etwa 48.000 km/s von uns weg.

Schwarze Löcher

Schwarze Löcher sind gar keine Löcher (siehe Kapitel 12). Nichts kommt aus ihnen wieder heraus, was sie einmal verschlungen haben. Das stimmt aber nicht ganz. Es kommt doch etwas heraus, allerdings furchtbar wenig; sie bleiben knausrig. Der Astrophysiker Stephen Hawking hat schon vor Jahren ausgerechnet, dass Schwarze Löcher doch strahlen, wenn auch ganz wenig.

Die Strahlung, die sie abgeben, heißt deshalb Hawking-Strahlung. Beobachtet allerdings hat sie noch kein Mensch. Nehmen wir an, wir hungern ein Schwarzes Loch total aus. Es erhält kein Quäntchen Stern oder Gas mehr. Bis es sich dann mit dieser winzigen Hawking-Strahlung total zerstrahlt hat, würde eine unglaubliche Zeit vergehen. Unsere Sonne etwa, als Schwarzes Loch, würde 2×10^{67} Jahre leben! Das ist eine Eins mit 67 Nullen. Schwarze Löcher werden die langlebigsten Greise in unserem Universum sein, wenn alles andere schon längst von ihnen aufgefressen wurde oder selbst zerstrahlt ist.

Wahrscheinlich gibt es unzählige winzige Schwarze Löcher im All, unbeobachtbar klein. Es gibt aber auch viel größere als selbst das Drei-Millionen-Sonnenmassen-Loch im Zentrum unserer Milchstraße. Bis zu eine Milliarde Sonnenmassen haben die Schwarzen Löcher im Zentrum der Quasare. Schwarze Löcher sind Tarnkappen – auch das stimmt nicht ganz. Zwar ist alles hinter den Löchern zu sehen – aber verzerrt.

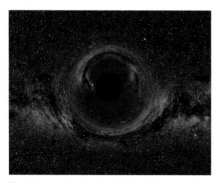

Ein Schwarzes Loch verzerrt den Hintergrund der Sterne.

Schwarze Löcher krümmen den einsteinschen Weltraum sehr stark, wegen ihrer riesigen Schwerkraft. Das Licht wird um sie herumgebogen; dadurch wird aber der Hintergrund verzerrt und man merkt, aha, da ist etwas.

Wie entstand unser Weltall aus dem Urknall?

Was wirklich haargenau am Anfang unserer Welt geschah, wissen wir nicht. Raum und Zeit jedenfalls entstanden zu gleicher Zeit in einem riesigen Knall. Ein „Vorher" gibt es nicht in der Physik des Weltalls. Rechnen können wir erst kurz nach diesem Zeitpunkt null, nach einer weniger als winzigen Zeit danach, nach $1/10^{43}$ Sekunden. So kurz nach dem Big Bang, in einem superheißen Chaos, sind Quarks, Elektronen und deren Antiteilchen entstanden. Quarks sind die Teilchen, aus denen unsere schweren Atombestandteile, Protonen und Neutronen, zusammengesetzt sind. Alle Antiteilchen sind gleich ihren Teilchen, nur haben sie die entgegengesetzte elektrische Ladung. Ein Elektron zum Beispiel ist negativ geladen, das Antiteilchen heißt Positron und ist positiv elektrisch.

Aus diesen Quarks, Elektronen und Antiteilchen entstanden nun Protonen, Neutronen und deren Antiteilchen. Noch immer sind wir nur eine zehntausendstel Sekunde vom Urknall entfernt. Antiteilchen und Teilchen vernichten sich aber gegenseitig, indem sie zu purer Energie zerstrahlen. Gott sei Dank für unsere Welt von heute: Es war anfangs ein bisschen mehr normale Materie da. Nur dieses bisschen blieb bei dem gegenseitigen Morden übrig, ein Milliardstel etwa der ursprünglichen Materie. Aber das reichte. Dann, ganz plötzlich, einige Hunderttausend Jahre nach dem Urknall, sanken die Temperaturen auf 3.000 °C (für uns natürlich immer noch eine schöne Hitze!). Jetzt konnten die schweren Kernteilchen, wie die positiv geladenen Protonen, die langsamer gewordenen Fliegengewichte der negativen Elektronen einfangen. Es entstanden die ersten neutralen Elemente, Wasserstoff und Helium. Vorher wurde alle Strahlung des heißen Weltalls immer wieder an den elektrisch geladenen Protonen und Elektronen gestreut und konnte nicht heraus, wie in einem dick mit Zigarettenrauch gefüllten Zimmer. Das Weltall war undurchsichtig, wie unser Rauchzimmer. Auch das streut alle Strahlung, zum Beispiel der Zimmerbeleuchtung, nur hin und her.

Jetzt konnte die 3.000°-Strahlung hinausjagen, unbehelligt von Wasserstoff und Helium, dehnte sich mit dem weiter wachsenden Weltall aus und mit den entstehenden ersten Quasaren und schließlich mit den normalen Galaxien – und wurde erst im Jahr 1965 entdeckt: als Nachleuchten des Urknall-Feuerwerks, abgekühlt auf nur noch so etwa 3 °C über der absoluten Kälte von -273 °C.

Inzwischen hat man sogar herausgefunden, dass diese Strahlung nicht überall exakt die gleiche Temperatur hat. Sie schwankt ganz wenig von Ort zu Ort, je nachdem, in welche Richtung des Alls man horcht. Das heißt, es muss schon im Babyalter des Universums überall verdichtete und weniger dichte Stellen gegeben haben. Aus den verdichteten Bereichen haben sich wohl die Milchstraßen und Sterne entwickelt. Diese Entdeckung von winzigen Temperaturschwankungen im Nachleuchten des Urknalls hat 2006 einen weiteren Nobelpreis gebracht!

Antworten zu den Fragen

Frage 1
Die Erde steht dann zwischen Sonne und Mond. Versuch: Halte den Tischtennisball etwa 60 cm von der Lampe entfernt und stecke deinen Kopf als Erde dazwischen. Auch dann wird der Ball voll bestrahlt, wie unser Vollmond, falls dein Kopf nicht genau in einer Linie mit dem Ball steht – das wäre dann eine Mondfinsternis.

Frage 2
Du bist tatsächlich etwas leichter. Ein hoher Berg ist vielleicht 3 km hoch, dann bist du statt 6.371 km vom Erdmittelpunkt nun 6.374 km entfernt. Dann ist die Schwerkraft um ein zehntel Prozent kleiner, wie uns das Verhältnis $6.371^2/6.374^2$ zeigt. Statt 50 kg wiegst du also 50 g weniger. Zusätzlich macht dich die größere Fliehkraft der sich drehenden Erde in 6.374 km Höhe noch etwas leichter.

Frage 3
Wenn es sehr heiß ist, flimmert manchmal die Luft über dem Asphalt der Straße. Ferne

Berge, Häuser oder Bäume scheinen dann auch ein wenig hin und her zu flimmern.

Frage 4
Weil die Sonne dann stark gelbrot leuchtet. Folglich ist weniger Blau im Sonnenlicht. Also kann auch die blaue Blume nicht so viel Licht in unsere Augen zurückstrahlen.

Frage 5
CD-Scheiben, in das Sonnenlicht oder Lampenlicht gehalten, zeigen ebenfalls schöne Farbspektren. Hier wird das Licht aber nicht gebrochen, sondern an den winzigen Rillen der Scheibe unterschiedlich zurückgeworfen. Dabei werden einige Farben aus dem Lichtband verstärkt und andere ausgelöscht, sodass dein Auge alle möglichen Restfarben sieht.

Frage 6
Eine Oktave heißt, der Ton ist doppelt so hoch, das wären hier also 800 Schwingungen pro Sekunde. Der höchste Ton, den ein Jugendlicher hören kann, entsteht bei ungefähr 16.000 Luftschwingungen pro Sekunde.

Frage 7
Natürlich 300.000 km. In einer Sekunde würde das Licht also etwas mehr als siebenmal um den Äquator rasen.

Frage 8
Sie ist benannt nach dem portugiesischen Seefahrer Ferdinand Magellan, der als erster die Erde umsegelt hat und dabei auch den südlichen Sternenhimmel beobachtete.

Frage 9
Wega ist ein A-Stern: Die Folge der sieben dicken schwarzen Linien zeigt an, dass es dort viel Wasserstoff gibt. Bei der Sonne ist z. B. die Natriumlinie im Gelb sehr schwach – sie ist ein G-Stern.

Frage 10
Navigationssatelliten über der Erde haben schon sehr große Geschwindigkeiten von rund 10.000 km/h. Das ist zwar immer noch weit von der Lichtgeschwindigkeit entfernt, aber bei der großen Genauigkeit der GPS-Navigation müssen Effekte der Speziellen Relativitätstheorie mit einkalkuliert werden.

Frage 11
Er muss dreimal größer sein (falls deine vorige Größenschätzung vernünftig war), da er ja dreimal weiter weg ist, als du dachtest.

Frage 12
Wenn der Planet, sagen wir, wie die Erde, in einem Jahr um seine Sonne kreist, hätten sich die Zacken nach einem halben Jahr nach links, nach einem weiteren halben Jahr nach rechts verschieben müssen – je nachdem, ob er sich gerade auf uns zu- oder von uns wegbewegt.

Frage 13
Entscheidend ist, wie viel Spiegelfläche Licht sammeln kann. Ein 8,2-Meter-Spiegel hat eine Fläche von $3{,}14 \cdot 1/2 \cdot 8{,}2 \cdot 1/2 \cdot 8{,}2$ m². Das sind etwa 53 m². Vier Spiegel haben also rund 212 m². Das entspricht einem einzigen Spiegel mit 16,4 m Durchmesser, da $3{,}14 \cdot 1/2 \cdot 16{,}4 \cdot 1/2 \cdot 16{,}4 = 212$.

Frage 14

Deneb wäre etwa 2.600-mal heller! Das klingt unglaublich. Er scheint zwar zwölfmal lichtschwächer zu sein, ist aber rund 178-mal weiter weg von uns. Wenn wir ihn näher und näher heranholen, erscheint er uns immer heller und zwar quadratisch mit der immer kürzeren Entfernung zu uns. Schließlich wird er, so nahe wie Sirius, 178 • 178 mal heller geworden sein. Zwölfmal war er vorher schwächer. Das ergibt 178 • 178 : 12 = etwas mehr als 2.600. Wie viel mal heller wäre dann wohl Beteigeuze?

Jürgen Teichmann / Thilo Krapp

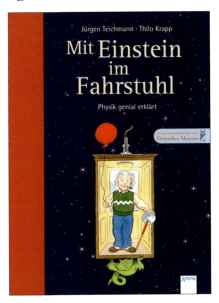

Mit Einstein im Fahrstuhl
Physik genial erklärt

Wer sich mit Einstein in einen Fahrstuhl begibt, lernt nicht nur den berühmtesten Physiker aller Zeiten kennen, sondern erlebt auch ungeahnte Abenteuer: Angenommen, das Seil des Fahrstuhls reißt. Dann zeigt eine Waage, auf der beide vielleicht stehen, nichts mehr an! Können sie dann überhaupt wissen, dass sie wirklich nach unten fallen und nicht etwa schwerelos im All schweben?

136 Seiten • Kartoniert
Mit farbigen Illustrationen
ISBN 978-3-401-50249-6
www.arena-verlag.de

Wolfgang Piereth

Allgemeinbildung. Von den Anfängen bis zum Kaiserreich
Deutsche Geschichte vor 1900. Das muss man wissen

Dieser Band widmet sich der deutschen Geschichte vor 1871 und begibt sich auf die Suche nach ihren Wurzeln bis hin zu den ersten Spuren menschlicher Besiedelung. Die ersten Kontakte zwischen Germanen und römischen Legionären werden genauso thematisiert wie die bahnbrechende Erfindung des Buchdrucks oder die Bismark-Ära an der Schwelle zur Moderne.

Arena

372 Seiten
Klappenbroschur
ISBN 978-3-401-50973-0
www.arena-verlag.de

Martin Zimmermann (Hrsg.)

Allgemeinbildung. Weltgeschichte
Das muss man wissen

Der Mensch betritt das dritte Jahrtausend. Seine Geschichte ist geprägt von sozialen, technischen und kulturellen Errungenschaften, aber auch von Krieg und Leid.
Dieses Buch nimmt den Faden vor vielen Millionen Jahren auf, verfolgt ihn durch die frühen Hochkulturen und antiken Weltreiche, zum chinesischen Kaiserreich und den Ureinwohnern Australiens ebenso wie zu den Indianerstämmen Nordamerikas. Die Zeit der Entdeckungen löst das Mittelalter ab und die Welt beginnt, zusammenzuwachsen. Kolonialismus, Sklaverei und Imperialismus folgen einander, Weltkriege erschüttern die Erde, die Technologie katapultiert uns ins Zeitalter der Globalisierung.

496 Seiten • Klappenbroschur
ISBN 978-3-401-50926-6
www.arena-verlag.de

Ingo Loa

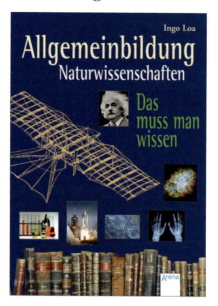

Allgemeinbildung. Naturwissenschaften
Das muss man wissen

Wie spannend ist es zu erfahren, warum der Himmel blau ist und wie Ebbe und Flut entstehen. Was ist Licht und worin unterscheiden sich die verschiedenen Farben? Wie werden reine Metalle aus Erzen gewonnen? Warum ähneln Kindern ihren Eltern und wie ist der Mensch überhaupt entstanden? Was besagt Einsteins Relativitätstheorie?
Dieses Buch beschäftigt sich ausführlich mit den Phänomenen der Natur, der Technik und dem Wunder des Lebens. Auf einfache, fundierte und fesselnde Weise präsentiert der Herausgeber Dr. Ingo Loa dieses faszinierende Thema. Wissen wird so zur Bereicherung des eigenen Lebens.

200 Seiten
Klappenbroschur
ISBN 978-3-401-50927-3
www.arena-verlag.de

Dieter Lamping / Simone Frieling (Hrsg.)

Allgemeinbildung. Werke der Weltliteratur
Das muss man wissen

Herausragende Werke der europäischen, russischen und amerikanischen Literatur im Portrait: eine beispielhafte Sammlung berühmter Bücher von der Ilias bis zum Fänger im Roggen, von der Göttlichen Komödie bis zum Faust, von Don Quijote bis zur Dreigroschenoper und Doktor Schiwago - die muss man wirklich gelesen haben. Der Band ist chronologisch nach Epochen geordnet; jedem Kapitel geht eine fundierte Einführung des Herausgebers in die jeweilige Epoche voraus. Die illustrierten Werkportraits liefern kurze, lebendige Inhaltsangaben und viele Zusatzinformationen zu Entstehungs- und Wirkungsgeschichte.

336 Seiten • Klappenbroschur
ISBN 978-3-401-50929-7
www.arena-verlag.de

Martin Zimmermann (Hrsg.)

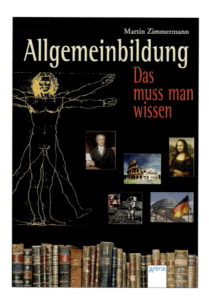

Allgemeinbildung
Das muss man wissen

Wissen ist ein spannendes und faszinierendes Abenteuer – das zeigen die Beiträge dieses Standardwerks. Frei von Wissenschaftsjargon, dennoch präzise und fundiert werden alle relevanten Wissensbereiche in ihren historischen und kulturellen Zusammenhängen dargestellt.

Arena

360 Seiten • Klappenbroschur
ISBN 978-3-401-50925-9
www.arena-verlag.de